视频图文学养殖丛书

牛病
防治问答
一本通

陈春林　郐华　朱买勋◎主编

中国农业出版社
北　京

编写人员

主　编：陈春林　郑　华　朱买勋

副主编：闫志强　徐登峰　邓　余　覃志初

参　编（排名不分先后）：

向祖明　覃志初　蒋　安　曹国文

付利芝　游斌杰　杨　柳　杨　睿

周　雪　张邑帆　王孝友　翟少钦

张素辉　王　涛　李成君　李成洪

沈克飞　周　鹏　景绍中　张　敏

李大军

前　言

FOREWORD

　　农业的发展与振兴，畜牧业是关键；在畜牧业中，养牛在我国有着悠久的历史，具有十分重要的地位。随着我国农业产业结构调整、农业基础地位的确立和人民生活水平的提高，肉牛和奶牛养殖业都有了长足的发展。做好牛病防治对促进养牛业的持续稳定发展、增加农牧民收入、实现乡村产业振兴提高人民群众的物质生活水平和健康水平、建设小康社会，都具有重要意义。

　　本书作者精选在牛病防治中比较常见的问题，用浅显和精练的文字，做出详尽的解答。内容主要包括牛病的诊断和防治技术，特别是牛的常见传染病、寄生虫病、内科病、外科病和产科病的防治，力求做到准确、简洁和实用。重点就药物及用药方案进行了说明，规范或取消了相关文件规定的在食品动物中禁用或限用的药物，如抗病毒类、喹诺酮类等。本书可供广大农牧民朋友、养牛场职工、基层兽医工作者、农业院校畜牧兽医专业的师生等参考使用。

重庆市南川区畜牧兽医渔业局向祖明、覃志初为本书提供了部分临床照片，在此致以深切的谢意！

由于编者知识水平有限，不足之处恳请读者指正，以备今后修改。

编　者

2024年7月

目　录
CONTENTS

目 录

1.规模化牧场奶牛
防疫与消毒

5.奶牛子宫炎的诊断
与防控

2.奶牛重大传染病的
诊断与防控

6.奶牛阴道脱

3.规模化牧场奶牛
乳腺炎的防控

7.奶牛子宫脱

4.规模化牧场奶牛
分娩与助产技术

8.奶牛产后瘫痪疾病
的防控

9.奶牛代谢性酮病的
诊断与防控

13.规模化牧场奶牛
真胃左方变位左肷
部整复与固定术

10.犊牛腹泻疾病的
诊断与防控

14.规模化牧场奶牛真
胃左方变位盲针固
定手术

11.犊牛肺炎疾病的
诊断与防控

15.规模化牧场奶牛真
胃扭转整复与固定
手术

12.规模化牧场奶牛
肢体病诊断与蹄
病治疗

16.奶牛球虫病的诊断
与防控

第一章

牛病防治基本知识

1. 牛场疫病监测有哪些规定？

当地畜牧兽医行政管理部门必须依照《中华人民共和国动物防疫法》及其配套法规的要求，结合当地实际情况，制定疫病监测方案，由当地动物防疫监督机构实施，牛养殖场应积极配合。

（1）牛养殖场常规监测的疾病：至少应包括口蹄疫、结核病、布鲁氏菌病。

（2）不应检出的疫病：包括牛瘟、牛传染性胸膜肺炎、牛海绵状脑病等。一旦检出，应立即上报上级畜牧兽医行政管理部门，采取紧急防疫措施。

除上述疫病外，还应根据当地实际情况，选择其他一些必要的疫病进行监测。

根据当地实际情况由动物防疫监督机构定期或不定期进行必要的疫病监督抽查，并将抽查结果报告当地畜牧兽医行政管理部门，并反馈到牛养殖场。

2. 预防牛病的措施有哪些？

（1）严格消毒　树立预防为主、严格消毒、杀灭病原微生物的理念。牛场应建围墙或防疫沟，门口应设消毒池、消毒间。员工的工作服、胶鞋要保持清洁，不能穿出牛场外；车辆、行人不可随意进入牛场内；必须进入牛场的，需做好消毒工作；全场每年最少大消毒2次，于春、秋季进行；兽医器械、输精器械应按规定彻底消毒；尸体、胎衣应深埋，或进行无害化处理；粪便集中堆放，进行生物热消毒。总之，要抓住严格消毒这一环节，确保牛场安全。

（2）定期检疫　每年春、秋季各进行一次结核病、布鲁氏菌病及副结核病的检疫，检出阳性或有可疑反应的牛要及时按规定处置。检疫结束后及时对牛舍内外及用具等进行一次彻底的消毒。每年春、秋各进行一次疥癣等体表寄生虫的检查；6—9月份，梨形虫病流行区要定期检查并做好灭蜱工作，10月份对牛群进行一次肝片吸虫的预防驱虫。春季需对犊牛群进行球虫的检查和驱虫。新引进的牛必须持有法定单位出具的检疫证明，并严格执行隔离检疫制度，确认健康后方可入群。

（3）对饲养人员进行体检　饲养人员应每年至少进行1次身体检查，如发现患有危害人、牛的传染病者，应及时调离，以防传染。

（4）严格执行预防接种制度　每年接种1次炭疽芽孢苗，于12月份至翌年2月间进行；为了预防布鲁氏菌病，给5～6月龄的犊牛使用布鲁氏菌19号菌苗（或猪型2号菌苗或羊型5号菌苗）口服或皮下注射；注射疫苗应坚持"三严、二准、一不漏"，即严格执行预防接种制度、严格消毒、严格登记，接种疫苗量要准、注射部位要准，不漏掉一头牛。

（5）加强牛场管理工作　严格控制牛只出入，已离场牛，一律不准再返场；凡外购牛，必须进行结核病、布鲁氏菌病的检疫和隔离观察，确定为阴性者，方可入场。

（6）严格控制非生产人员进入生产区　必须进入时应更换工作服及鞋帽，经消毒室消毒后方能进入。生产区不准解剖尸体，不准养狗、猪及其他畜禽，定期灭蚊蝇。

3. 牛场消毒包括哪些内容？

严格的消毒制度是及时切断传染源、有效控制疫病发生和传播的主要措施。

（1）进场前消毒　要对整个牛舍和用具进行一次全面彻底的消毒，方可进牛。场门、生产区入口处应设消毒池，消毒池内的药液要经常更换（可用3%～5%的氢氧化钠溶液），保持有效浓度，车辆从消毒池经过，人员从消毒通道经过。严格隔离饲养，杜绝带病原的人员或被污染的饲料、车辆等进入生产区。

（2）牛舍日常消毒　牛舍内要经常保持卫生整洁、通风良好，每天必须打扫干净。牛舍每月消毒一次，每年春、秋两季各进行一次大的消毒。常用消毒药物为：10%～20%生石灰乳、2%～5%氢氧化钠溶液、0.5%～1%过氧乙酸溶液、3%福尔马林溶液或1%高锰酸钾溶液。

（3）定期预防消毒　每年进行2～4次结核病定期预防消毒，常用消毒药为5%来苏儿、10%漂白粉、3%福尔马林溶液。监测到阳性牛要及时进行隔离并采取相应的应急措施。

4. 牛常用疫苗有哪些，如何使用？

免疫接种是激发机体产生特异性抵抗力的一种手段。目前，我国用于预防牛主要传染病的疫苗有以下几种。

（1）口蹄疫疫苗 预防牛口蹄疫的疫苗有两种。

①口蹄疫O型灭活疫苗：1岁以下牛犊每头1毫升，成年牛每头2毫升，肌内注射。疫苗注射14天后开始产生免疫力，免疫期为6个月。

②口蹄疫A型灭活疫苗：6月龄以下牛犊每头1毫升，6月龄以上成年牛每头2毫升，肌内注射。首免1个月后进行一次强化免疫，以后每隔4～6个月进行一次常规免疫。

（2）炭疽疫苗 预防炭疽的疫苗有3种，接种时任选一种。免疫期1年。

①无毒炭疽芽孢苗：1岁以下牛0.5毫升，1岁以上牛1毫升，皮下注射。

②Ⅱ号炭疽芽孢苗：大、小牛一律每头1毫升，皮下注射。

③炭疽芽孢氢氧化铝佐剂苗或浓缩芽孢苗：为上两种芽孢苗的10倍浓缩制品，使用时以1份浓缩苗加9份20%氢氧化铝稀释后，按无毒炭疽芽孢苗或Ⅱ号炭疽芽孢苗的用法、用量使用。

以上3种疫苗均在接种后14天产生免疫力，每年10月份进行免疫注射，免疫对象为出生1周以上的牛，次年的3—4月为补注期。

（3）牛传染性胸膜肺炎弱毒苗 预防牛传染性胸膜肺炎（牛肺疫），免疫期1年。

使用方法：疫苗用生理盐水或20%氢氧化铝生理盐水稀释，体重100千克以下牛4毫升，体重100千克以上牛6毫升，皮下注射。按照疫苗说明书使用，注射后21天产生免疫力。

（4）牛传染性鼻气管炎弱毒疫苗 预防牛传染性鼻气管炎，适用于6月龄以上的牛。

使用方法：按疫苗注射头份，用生理盐水稀释为每头份1毫升，皮下或肌内注射。间隔30～45天再次接种，免疫期可达1年以上。

（5）牛沙门氏菌灭活苗　预防沙门氏菌病。

使用方法：1岁以下牛1毫升，1岁以上牛2毫升，肌内注射。为增强免疫力，对1岁以上牛首免后10天，相同剂量再免疫1次。在已发病牛群中，应对2～10日龄犊牛肌内注射1毫升；怀孕牛在产前45～60天在兽医监护下注射1次，所产犊牛应在30～45日龄注射1次，剂量均为1毫升。

（6）气肿疽灭活苗　预防牛气肿疽。

使用方法：不论年龄大小均为5毫升，皮下注射。对6月龄以下的犊牛，到6月龄时应再免疫1次。注射后14天产生免疫力。

（7）牛出血性败血症氢氧化铝菌苗　预防牛巴氏杆菌病。

使用方法：100千克以下牛4毫升，100千克以上牛6毫升，皮下注射。注射后21天产生免疫力，免疫期可达9个月。

（8）布鲁氏菌疫苗　有两种疫苗。

布鲁氏菌病活疫苗（Ⅰ）：皮下注射或气雾接种，免疫期3年。只给3～8月龄的奶牛接种，成年奶牛一般不接种。

布鲁氏菌病活疫苗（Ⅱ）：口服、皮下注射或肌内注射接种，免疫期2年。

（9）破伤风抗毒素　紧急预防或治疗破伤风。

使用方法：预防剂量，3岁以下牛3 000～6 000抗毒单位，3岁以上牛6 000～12 000抗毒单位；治疗剂量，3岁以下牛5 000～10 000抗毒单位，3岁以上牛6 000～30 000抗毒单位。皮下或静脉注射均可。治疗时可重复注射一次或数次。

（10）肉毒梭菌（C型）灭活苗　预防肉毒梭菌中毒症。

使用方法：每头10毫升，皮下注射，免疫期1年。

（11）兽用狂犬病ERA株弱毒细胞苗　预防狂犬病。

使用方法：每瓶用灭菌蒸馏水或生理盐水稀释成10毫升，每头5～10毫升，皮下或肌内注射。免疫期1年。

5. 如何对奶牛场的疫病进行预防性检疫？

奶牛场每年应对奶牛常见疫病进行预防性检疫，主要包括以下四个方面：

（1）结核病检疫　全牛群应在每年春秋两季进行两次结核病检疫，采用结核菌素皮内变态试验。对检出的阳性牛，应在3天内扑杀。凡判定为疑似反应的牛，于第一次检疫后30天进行复检，其结果仍为可疑反应时，经30～40天后复检，如仍为疑似反应者，应判为阳性，一律淘汰。

（2）布鲁氏菌病检疫　每年应对奶牛进行两次布鲁氏菌病检疫。依据GB/T 18646—2021中的方法：先用虎红平板凝集试验初筛，试验结果为阳性者进行试管凝集试验，试管凝集试验阳性者判为阳性；试管凝集试验出现可疑反应者，经3～4个月后复检，如仍为可疑反应者，应判为阳性。阳性反应牛一律淘汰。

（3）其他疫病的监测　除对以上两种病监测外，每年还应根据《中华人民共和国动物防疫法》及其配套法规要求，结合当地实际情况，制定其他疫病监测方案。另外，对泌乳奶牛在干乳前15天，应用乳腺炎诊断试剂进行隐性乳腺炎监测，在干乳时用有效的抗菌制剂，及时进行防治。

（4）对引进牛的检疫　由国内异地引进的奶牛，要按规定对结核病、布鲁氏菌病、传染性鼻气管炎、口蹄疫、白血病进行检疫。

从国外引进的奶牛除按进口检疫程序检疫外，还应对白血病、传染性鼻气管炎、黏膜病、副结核病、蓝舌病进行一次复查。

6. 检查牛病的基本方法有哪些？

常用的牛病检查方法大致有5种：视诊、触诊、叩诊、听诊和嗅诊。检查时，可视病情单一使用或综合使用。

（1）视诊　用人的眼睛观察病牛的异常情况。方法是站在病牛左前方2～3米远的地方，首先看牛的全貌，观察其精神、姿态、被毛、胸围、腹围等方面是否正常。接着，再向左后方边走边看，按病牛的头部—颈部—胸部—腹部—四肢的顺序察看。来到病牛正后方时，停留片刻，看一下尾部和会阴部是否有异常。然后再从病牛的右后方向正前方察看，看右侧胸部、腹部、臀部等部位是否和左侧对称。如果发现有异常，兽医人员要进一步靠近病牛，反方向围绕牛体再进一步查看。最后，要让病牛行走几圈，再看一下牛的步态和走势（图1）。

（2）触诊　通过用手直接触摸，检查病情。触诊又分为轻触和重触两种。轻触主要是检查病牛体表的温度、湿度和肌肉的紧张性，把手轻放在牛体表面就可以了。重触就是施加一定的压力向牛体内触摸，检查深部的组织有无肿胀（图2、图3）。

图1　视诊

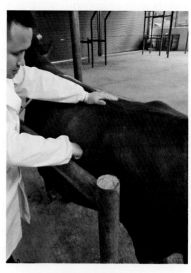

图2　腹部触诊

图3　颈部触诊

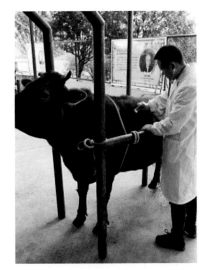
图4　听诊

（3）听诊　通过听病牛的有关部位，根据发出的响声来判断病牛体内的病理变化。听诊法主要用于胸部检查（图4）。

（4）叩诊　有手指叩诊和槌板叩诊两种。手指叩诊就是用弯曲的右手中指，垂直地向紧贴体表的左手中指的第二指骨中央，短而急速地连续叩打两次。叩击后，右手的中指立即抬起离开体表。接着，可依此法再叩击。槌板叩诊就是用左手拿叩诊板，把它紧贴在病牛的体表，右手拿起叩诊槌，用腕关节的力量把叩诊槌向叩诊板上叩打。叩打的动作要短促而急速，每次叩击2～3下，然后再用此法间歇性叩击。

使用手指叩诊还是槌板叩诊，要根据病牛而定。一般病犊牛用手指叩诊，成年病牛用槌板叩诊。

（5）嗅诊　用鼻子直接闻病牛呼出气体、排泄物及分泌物的气味。通过嗅诊能检查出不少病症。如闻到鼻液和呼出的气体有腐败臭味，可以初步判定病牛患了肺坏疽或腐败性支气管炎；阴道分泌物有腐败性臭味时，可考虑为子宫蓄脓；皮肤及汗液有尿臭味时，可考虑为尿毒症；呼出的气体有烂苹果味时，则可考虑为酮血病。

7. 如何早期发现病牛？

只要牛得了病，机体就会有一定的病理变化，临床上就有相应的临床症状。有些疾病症状表现非常明显，容易发现和诊断；但有些疾病症状不特异，表现也很不明显，特别是在疾病的早期，如果没有经验或不细心，不容易发现牛得了病。而对于病牛来讲，早期发现、早期诊断、早期治疗是十分重要的。那么怎样才能早期发现病牛呢？这就需要我们注意牛的异常表现。

（1）精神异常　过度兴奋或精神沉郁。

（2）被毛粗乱　多为营养缺乏或慢性病、寄生虫病等消耗性疾病。

（3）饮食异常　食欲不振或废绝。

（4）反刍异常　反刍次数减少或停止。

（5）粪便异常　粪便过干或过稀，排便次数过多或过少，甚至停止。

（6）鼻镜干燥　多因发热所致。

（7）咳嗽　有干咳、湿咳和痛咳。

（8）呼吸异常　呼吸过快、过慢或呼吸困难。

（9）发热　体温（直肠温度）高于正常。

（10）呻吟　多为疼痛所致。

（11）久卧不起以及其他异常表现。

遇到这些情况时，要及早请兽医进行系统的检查、诊断和治疗。

8. 如何通过采食和鼻镜变化判断牛是否患病？

(1) 采食情况　健康牛的消化和食欲正常，到了喂料时间或者看到饲养员、喂料车进入牛舍，便会有兴奋的表现，喂料时争抢上槽，迅速采食。病牛在喂料时，上槽不及时，采食速度慢，甚至完全不上槽，呆立在牛舍一角。

(2) 牛鼻镜观察　牛鼻镜是指牛上唇中部和两鼻孔之间的无毛区，内有鼻唇腺，其分泌液体经导管通到鼻镜上呈露珠状。

如果牛鼻镜上没有露珠状的液体，表现干燥甚至干裂，都是不正常的。一般情况下，鼻镜干裂是牛瓣胃阻塞的临床表现；鼻镜干燥是牛患发热性疾病的临床表现。

9. 怎样看牛排粪是否正常？

正常牛在排粪时，背部微弓起，后肢稍微开张并略往前伸，每天排粪 10～15 次。排粪带痛，表现疼痛不安，弓腰努责，常见于腹膜炎、直肠损伤和创伤性网胃炎等。牛不断地做排粪动作，但排不出粪或仅排出很少量粪，多见于直肠炎。病牛无排粪姿势，但粪便不自主地排出，多见于持续性腹泻或腰荐部脊髓损伤。排粪次数增多，不断排出粥样或水样便，即为腹泻，见于肠炎、肠结核、副结核及犊牛副伤寒等。排粪次数减少、排粪量减少，粪便干硬、色暗，外表有黏液，见于便秘、前胃病和热性病等。

10. 不同形态及颜色的牛粪是哪些疾病的表现？

粪便就像消化道的一面镜子，当牛患某些消化道疾病时，常常能通过粪便的特点反映出所患何种疾病，或者间接地告诉我们病变发生的消化道部位。

(1) 粪便颜色黑、干燥　对成年牛来说，粪便干燥的直接原因是胃肠蠕动迟缓或麻痹，多由发热所引起。如在口蹄疫、流行热等热性疾病的初期，有相当数量的患病牛粪便会呈现这种形态变化（图5）。

(2) 胶冻样粪便　粪便外裹有胶冻样物质、质地黏稠，这是肠梗阻、肠套叠的典型表现。阻塞程度不同，胶冻样物质中所含粪便的多少也有差别，完全阻塞时只能排出少量胶冻样物质，其中几乎不含粪便。肠阻塞多由饲料中的异物引起，慢性肠炎也可引起肠梗阻，胃肠扭转可直接引起胃肠梗阻。

严重的皱胃左方变位也可引起奶牛不完全性肠梗阻，此时粪便中会出现一定数量的黏液，这是肠黏膜脱落的结果。阻塞程度更进一步时，少量粪便的外面可被胶冻样黏液完全包裹，形成内有少量粪便、外包胶冻样黏液的球形粪便（似元宵状）（图6、图7）。

(3) 水样粪便　粪便中有未消化的较长草段，水草分离，有恶臭味，这是因饲喂大量粗硬难消化饲料而导致的瘤胃积食在一定阶段的粪便表现。瘤胃功能严重障碍是导致此症状的直接原因，饲草在瘤胃中异常发酵是导致粪便表现此形态特征的直接原因（图8）。

图5　黑色、干性粪便

图6　胶冻样粪便

图7 胶冻样粪便

图8 水样粪便

（4）稀面糊状粪便 奶牛副结核病在持续性腹泻阶段会表现出这种粪便异常，这种粪便的特点是排泄量大，严重时呈喷射状，粪便质地均匀、细碎呈稀面糊状（图9）。

（5）粪便中含有血液、黏液的水样粪便 这是牛在患病状态下较常见的一种粪便形态，多见于病毒性腹泻、肠炎、食盐中毒等疾病（图10）。

（6）含有鲜红色血液、血块的腹泻粪便 此类粪便多见于奶牛冬痢和牛球虫病。奶牛冬痢多发生于成年牛，而牛球虫病多发生于2岁以内的牛（图11）。

（7）牛梭菌性肠炎粪便特征 粪便呈恶臭的黑色水样，有一定黏度并含有少量血液成分。

图9 稀面糊状粪便

图10 含血液、黏液的水样粪便

（8）**粪便干、少，呈球状或饼状**　这种粪便形态较少见，是牛瓣胃阻塞的症状之一，色泽变化不大。奶牛日粮以青贮或精料为主，当发生瓣胃阻塞时粪便干硬，呈球状或饼状（图12）；肉牛饲料以麦秸或稻草为主，发生瓣胃阻塞时，粪便更加干硬，呈"算盘珠状"。

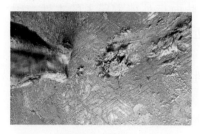

图11　含有鲜红色血液、血块的腹泻粪便

图12　球状、饼状粪便

（9）**粪便中含有较多未消化精料颗粒的"过性腹泻"**　这种腹泻是奶牛饲养管理过程中较常见的一种腹泻形式，常常由于一次喂给较多精料，或突然更换饲料所致。这种腹泻的特点是粪便中含有大量未消化的精料颗粒，带有较强的酸臭味。出现这种情况时，一般经过短暂地禁食精料或适当调理，大多数可恢复正常。

11. 牛排尿异常的情况有哪些，如何进行尿液感官检查？

牛排尿异常包括多尿、少尿、频尿、无尿、尿失禁、尿淋漓和排尿疼痛。

尿液感官检查，主要是检查尿液的颜色、气味及其数量等。健康牛的新鲜尿液清亮透明，呈浅黄色。尿液异常主要表现为：有强烈氨味或醋酮味，尿色变深而呈深黄色，还有红尿、白尿，尿中混有脓汁等。

12. 牛的保定方法有哪些？

保定前首先应了解牛的行为习惯和特点，有些牛特别是公牛有用牛角抵人的习性，在前方接近牛时应首先询问畜主，所检查的牛有无抵人习惯。牛有用后肢向后外侧方踢人的本性。因此，在接近牛时不能从后外方接近，可从侧方或前方接近牛。牛的鼻镜及鼻孔是敏感部位，控制牛的头部常用鼻钳钳夹。公牛十分强悍，多数公牛都比母牛性烈，对公牛保定时更应十分小心。

（1）牛鼻钳保定　这是控制牛头部很有效的方法。牛鼻钳有数种，永久性牛鼻钳是先将牛的两鼻孔之间的鼻中隔穿透，然后再用金属条经穿刺孔穿入，金属条两端向牛鼻背面弯曲，并和笼头连接在一起。暂时保定牛用的牛鼻钳，是将长柄鼻钳给牛装上，待诊疗工作结束后再将鼻钳取下。

（2）肢蹄的保定

①两后肢保定：检查乳房或治疗乳房疾病时，为了防止牛的骚动和不安，将牛两后肢固定，方法是选择柔软的线绳在跗关节上方做"8"字形缠绕或用绳套固定。

②牛前肢的提举和固定：将牛牵到柱栏内，用绳在牛系部固定；绳的另一端自前柱由外向内绕过保定架的横梁，向前下兜住牛的掌部，收紧绳索，把前肢拉到前柱的外侧。再将绳的游离端绕过牛的掌部，与立柱一起缠两圈，则牛的前肢被牢固地固定于前柱上。

③后肢的提举和固定：将牛牵入柱栏内，绳的一端绑在牛的后肢系部，绳的游离端从后肢的外侧面，由外向内绕过横梁，再从后柱外侧兜住牛后肢蹄部，用力收紧绳索，使蹄背侧面靠近后柱，在蹄部与后柱多缠几圈，把后肢固定在后柱上。

（3）倒牛保定法

①一条绳倒牛法：选一根12～15米的长绳，在一端留2米长并拴在牛的角根部，绳端交由两助手向前牵引；绳的另一端向后牵引，在牛肩胛骨的后角，以半结作一个胸环，绕胸部一周后，再在髋结节前再经腹部围绕一周，绳游离端由3～4个人向后牵引。前方与后方同时向相反的两个方向用力拉绳，便可让牛平稳自然卧倒在地下。牛卧倒后，前方牵引保定绳的人立即用一只手抓住牛鼻钳（或用手抓住牛的两鼻孔），另一只手抓住牛角使牛的枕部着地，牢固地控制牛头，防止牛抬头，即可有效控制牛，使其不能站起。

②其他方法：根据治疗工作的需要，可按马属动物倒卧后四肢集拢保定法或两前肢与一后肢集拢保定而另一后肢前外方转位保定法进行保定。

13. 牛的正常生理指征及指标有哪些？

（1）食欲和反刍　食欲是牛健康的最可靠指征。一般情况下，只要牛生病，首先就会影响到食欲，早上给料时看饲槽是否有剩料，对于早期发现疾病是十分重要的。另外，反刍能很好地反映牛的健康状况。健康牛每日反刍8小时左右，特别是晚间反刍较多。

（2）体温　成年牛的正常体温为38～39℃，犊牛为38.5～39.5℃，青年牛为38～39.5℃。

（3）呼吸　成年牛每分钟呼吸15～35次，犊牛20～50次。

（4）脉搏　一般成年牛脉搏数为每分钟60～80次，青年牛70～90次，犊牛90～110次。

（5）排泄　正常牛每日排粪10～15次，排尿8～10次。健康牛的粪便硬度适当，为一节一节的；但育肥牛的粪便稍软，排泄次数一般也稍多。尿一般透明，略带黄色。

14. 怎样观察牛的咳嗽？

健康牛通常不咳嗽，或仅发出一两声咳嗽，如连续多次咳嗽，常为病态。通常将咳嗽分为干咳、湿咳和痛咳。

（1）干咳 声音清脆，短而干，疼痛比较明显。干咳常见于喉炎、气管异物、气管炎、慢性支气管炎、胸膜肺炎和肺结核病。

（2）湿咳 声音湿而长、钝浊，随咳嗽从鼻孔流出大量鼻液。湿咳常见于咽喉炎、支气管炎、支气管肺炎。

（3）痛咳 咳嗽时声音短而弱，病牛伸颈摇头。痛咳见于呼吸道异物、异物性肺炎、急性喉炎、胸膜炎、创伤性网胃炎、创伤性心包炎等。

此外，还可见经常性咳嗽，即咳嗽持续时间长，常见于肺结核病和慢性支气管炎。

15. 怎样观察牛的反刍？

健康牛一般在停止采食后30分钟至1小时开始反刍，通常在安静或休息状态下进行。每天反刍10～15次，每次持续时间40～60分钟。一个草团平均咀嚼次数，肉牛为30～60次。

16. 怎样观察牛的嗳气？

健康牛一般每小时嗳气20～40次。嗳气时，可在牛的左侧颈静脉沟处看到由下而上的气体移动波，有时还可听到咕噜声。嗳气减少，见于前胃弛缓、瘤胃积食、皱胃疾病、瓣胃积食、创伤性网胃炎、继发前胃功能障碍的传染病和热性病。嗳气停止，见于食道梗塞，严重的前胃功能障碍，常继发瘤胃臌气。当牛发生慢性瘤胃弛缓时，嗳出的气体常带有酸臭味。

17. 怎样检查牛的眼结膜？

检查牛眼结膜，通常检查球结膜。

检查时，两手持牛角，使牛头转向侧方，结膜自然露出。检查眼结膜时，用大拇指将下眼睑压开。结膜表现苍白、弥漫性潮红和黄染等变化，均属疾病状态（图13、图14）。

图13　眼结膜检查

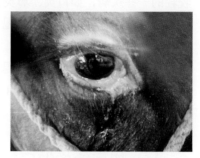

图14　眼结膜苍白、流泪

18. 如何通过测定体温判断牛是否患病？

这里所说的体温，指的是直肠温度（图15）。

（1）体温测定方法

①检查体温计是否完好。

②将体温计的水银柱甩至35℃以下。

③用酒精棉球擦拭体温计，以达到消毒和滑润的目的。

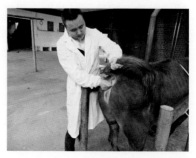

图15　直肠温度检查

④保定牛后，缓缓旋动将体温计插入牛的肛门内，并固定好（用体温计夹子夹在牛尾根部的被毛上）。

⑤让体温计在牛直肠内停留3～5分钟后取出读数。

（2）判定标准 虽然牛的生理体温随年龄、状态、环境、性别等因素的变化而有所变化，但其变化幅度一般不会超过0.5℃。奶牛具有耐寒、怕热的特性，许多奶牛在夏天正常体温可上升到接近40℃，这一点需要注意。

①微热：体温超过正常体温0.5～1.0℃。多见于局限性炎症及较轻的一些疾病，如口炎、鼻炎、结核病初期等。

②中热：体温超过正常体温1.0～2.0℃。多为一般性发热疾病引起。

③高热：体温超过正常体温2.0～3.0℃。多见于中暑、附红细胞体病、梨形虫病、流行热、口蹄疫等急性传染病或大面积炎症（如大叶性肺炎）所引起的疾病。

19. 如何给牛做口腔检查？

给牛做口腔检查，首先要用手把牛的口腔打开。具体方法是：用一只手捏住牛鼻中隔，并且用力向上提起，另一只手拉住牛舌头并且用力向下压迫下颌，使牛口张开（图16）。做牛口腔检查，要视诊、触诊、嗅诊同时并用。用视诊的方法观察口腔黏膜的颜色及舌、牙齿的状态，用触诊检查口腔的温度，用嗅诊检查口腔中的气味。

健康牛的口腔呈粉红色，有光泽。牛患有口炎、食管梗塞、某些中毒性疾病和咽炎时，口腔内过分湿润或者大量流口涎；患有口蹄疫或者水疱性口炎时，口腔内的黏膜上有水疱；食欲减少

图16 口腔检查

或患有口腔疾病时，口腔内常有异常的臭味。健康牛体温和口腔的温度一样，如果口腔的温度增高而体温正常，说明该牛患有口炎。

检查舌头时，要观察舌头的活动能力，有没有损伤，有没有舌苔。如有舌苔，说明患有热性病和胃肠病；舌苔黄而且厚，说明病情较重或病的时间较长；舌苔较薄而且发白，则说明牛病情较轻或者得病时间较短。

20. 如何给牛做直肠检查？

直肠检查作为一种常用方法，主要用来检查和治疗腹腔和盆腔器官疾病。

（1）术者首先做好准备工作，剪短手指甲，然后在手上涂抹石蜡油。

（2）将牛保定确实，必要时将牛两后肢也保定，术者站在牛正后方，将尾巴固定确实。五指并拢呈圆锥形，慢慢伸入牛直肠。

首先检查直肠的粪便情况，依粪便的稀或干、有或无，由此来诊断牛的初步情况。然后将直肠粪便掏出，手再向里伸入，如果牛努责，则暂停伸入。在盆腔处可触到膀胱和子宫，通过触摸膀胱和子宫的状态，来判断器官的健康状况。手继续向前，进入腹腔，在左前方可摸到瘤胃，根据瘤胃的充实情况，来判断瘤胃积食、空虚或臌气，以及位置是否发生改变，由此可判断其他脏器的情况。注意在检查时一定要缓慢、柔和，不要粗暴，以免损伤直肠（图17）。

图17　直肠检查

21. 怎样检查牛的呼吸数？

在牛安静状态下检查呼吸数。一般站在牛胸部的前侧方或腹部的后侧方观察，胸腹部的一起一伏为一次呼吸。计算1分钟的呼吸次数，健康犊牛为每分钟20～50次，健康成年牛每分钟为15～35次。在炎热季节、外界温度过高、日光直射、圈舍通风不良时，牛的呼吸数增多。

22. 怎样检查牛的呼吸方式？

健康牛的呼吸方式呈胸腹式，即呼吸时胸壁和腹壁的运动强度基本相等。检查牛的呼吸方式，应注意牛的胸部和腹部起伏动作的协调和强度。如出现胸式呼吸，即胸壁的起伏动作特别明显，多见于急性瘤胃臌气、急性创伤性心包炎、急性腹膜炎、腹腔大量积液等。如出现腹式呼吸，即腹壁的起伏动作特别明显，常提示病变在胸壁，多见于急性胸膜炎、胸膜肺炎、胸腔大量积液、心包炎及肋骨骨折、慢性肺气肿等。

23. 如何检查牛的脉搏数？

在安静状态下检查牛的脉搏数，通常是触摸牛的尾中动脉。检查者站立在牛的正后方，左手将牛的尾根略微抬起，用右手的食指和中指压在尾腹面的尾中动脉上进行计数。计算1分钟的脉搏数。

24. 怎样看牛的鼻液是否正常？

健康牛有少量的鼻液，并常用舌头舔掉。如见较多鼻液流出，

则可能为病态。通常可见黏液
性鼻液、脓性鼻液、腐败性鼻
液、鼻液中混有鲜血、鼻液呈
粉红色或铁锈色等。鼻液仅从
一侧鼻孔流出，见于单侧的鼻
炎、副鼻窦炎。检查方法见
图18。

图18 鼻液检查

25. 发现病牛时应采取哪些措施？

（1）迅速隔离病牛 隔离期间继续观察诊断，必要时给予对症治疗。对隔离的病牛应设专人进行饲养管理。

（2）及时报告疫情 发现疫情时，应及时向上级管理部门报告，要详细汇报病畜种类、发病时间地点、发病头数、死亡头数、临床症状、剖检病变、初诊病名及已经采取的防控措施。必要时应通报邻近地区，以便共同防控，防止疫病扩散。

（3）全面彻底消毒 对病牛所在的牛舍及活动过的场所、接触过的用具进行严格消毒，病牛污染的饲草、饲料要进行销毁，病牛排出的粪便应集中到指定地点堆积发酵和消毒。

（4）逐头进行临床检查 对同牛舍或同群的其他牛，要逐头多次进行详细临床检查，必要时进行血清学诊断，以便尽早发现病牛。

（5）紧急预防接种 对多次检查无临床症状或血清学诊断为阴性的假定健康牛进行紧急预防接种，以防止疫病扩散。

（6）酌情实行封锁 发生危害严重的传染病时，应报请当地政府有关部门按相关法律法规要求划定疫点、疫区，实行封锁。封锁行动要果断迅速，措施要严密，但范围不宜过大。

（7）妥善处理病牛 对死亡病牛的尸体要按法规进行无害化处理或销毁，对严重病牛及无治疗价值的病牛应及时淘汰，以便尽早消灭传染源。

26. 如何护理病牛？

牛患病期间应加强护理，俗话说得好："三分治疗，七分护理"，可见护理工作对病牛康复的重要性。护理病牛的要点如下。

(1) 改善饲养　病牛一般消化机能下降，为能使病牛早日康复，饲喂的饲料要易于消化且富含营养，适口性好，多给予鲜嫩的青绿饲料和优质干草，还应给予足够的清洁饮水。要做到少喂勤添，酌增饲喂次数。

(2) 加强管理　保持清洁卫生十分重要，因患病牛的抵抗力更弱，为防止感染新的疾病，饲养场地应增加消毒次数。如有肢蹄疾病或起卧艰难的牛，最好能饲养在泥土地上，多垫褥草，防止滑跌。每天协助翻身，防止发生褥疮。

(3) 优化大环境　饲养奶牛最适宜的温度为 5～25℃，过高或过低牛均会产生应激反应。因此，患病奶牛的生活环境更应做到夏天防暑、冬天保暖。当环境过热时，可用风扇、冷水喷雾、冰块降温；过冷时应关好门窗，防止大风直吹，或在牛背上加盖保暖物。

病牛要有安静的环境，诊断与治疗应尽可能集中进行，避免不断受到人为干扰影响牛的休息。夏秋季节，还应加强对蚊蝇的杀灭，尽量避免昆虫对病牛的侵袭。

27. 怎样给牛投药？

对用量不大、无特殊气味的药物，可直接混入饲料、饮水中服用。药物的剂型不同，其投药方法也不同。

(1) 丸剂投服　小丸剂用投药枪或裹在草团中投服，大丸剂

可用手投入。方法是投药者用
左手从牛口角伸入打开口腔，
拉出舌头，右手持药丸塞入牛
舌根后方，左手松开后，牛便
可自然咽下药丸。

（2）糊剂投服　将药加适
量面粉调成糊状，打开牛口腔
用木片将糊状药物涂在舌根背
部，使牛咽下。

（3）水剂投服　抬高牛头
部，左手打开口腔，右手持灌
药器具，从牛口角向臼齿间送
入舌后部，倾出药液后迅速取
出灌药器，让牛吞咽（图19）。

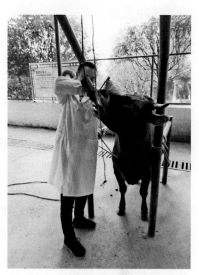

图19　水剂投服

28. 注射前应如何准备，有哪些注意事项？

（1）注射部位准备　局部剪毛，用碘酊消毒后，以75%的酒
精脱碘。

（2）器械和药品的准备　注射器的筒、塞必须配套，吻合良
好，清洁畅通，并要严格消毒。对注射药液要仔细查看药品名称、
用途、剂量、性状以及是否过期等；如同时注入2种以上药品时，
应注意有无配伍禁忌。静脉注射大量药液时，药液应加温至接近
体温。注射前要排净输液管或注射器内的气泡。

（3）静脉注射时要防止药液漏于血管外　对于有强烈刺激性
的药液外漏，应立即采取措施清除漏出的药液，如用注射器从外
漏部位将药液抽回一部分，也可用5%硫酸镁溶液热敷，以加速漏
出液的吸收消散。如果大量药液外漏，应尽早切开肿胀部位并用

高渗液冲洗或引流。

29. 给牛常用的注射方法有哪几种？

注射是治疗疾病的基本方法之一，常用的有肌内注射、静脉注射、皮下注射、皮内注射等。

(1) **肌内注射** 是治疗疾病最常用的方法之一，其方法是将药物用注射器注射在牛肌肉内。注射部位选择在肌肉丰满及神经、血管少的部位，牛常用的部位是颈部。刺激性较强以及比较难吸收的药液，适用于肌肉深部注射。肌内注射的方法是：先把针头垂直刺进肌肉内适当的深度，再接上注射器。针头一般刺入肌肉3～5厘米，以免针头折断难以拔出。水合氯醛、氯化钙和水杨酸钠等强刺激性的药物，不适宜肌内注射。

(2) **静脉注射** 俗称吊水，是将药物直接注射到静脉血管内，牛用的部位是耳静脉和颈静脉。进行静脉内注射前，要先排净注射器中的空气；用左手按压注射部位的向心端，使血管怒张；右手将针头在按压点前方约2厘米的地方，呈45°角刺入静脉内，见回血后把针头顺血管进针1～2厘米；然后接上针筒，用手扶持或用夹子把胶管固定在颈部，慢慢推进药液。采用这种方法，病牛要确实保定。注入大量药液时，速度要慢，以每分钟30～60毫升为宜。冬季或环境温度较低的地方药液要加温到接近体温。必须注意，油类制剂不能静脉注射；刺激性较强的药液禁止漏到血管外。

(3) **皮下注射** 常用于需迅速达到药效或不宜口服时局部给药，对没有强刺激性而且容易溶解的药物、疫苗或者血清，常常采取皮下注射。皮下注射应选择颈部的两侧或肩胛后方的胸侧、皮肤容易移动的部位。注射方法是：一手捏起皮肤做成皱褶，另一只手把注射器的针头从皮肤皱褶处的三角形凹窝刺入皮下2～3

厘米。针头是刺进皮下还是刺入肌肉中的检验方法是：刺入皮下时，针头可自由活动；如果刺进肌肉内，针头则不能左右摆动。皮下注射药量大时，可采取多点注射。

(4) **皮内注射** 该方法用于结核菌素变态反应试验等。注射部位：在牛肩胛部或颈侧中部1/3处。注射方法：注射部位剃毛，用75%酒精消毒；左手食指和拇指绷紧注射部皮肤，右手持注射器将注射针头刺入牛真皮内；推动针栓，注入药液，使局部呈现圆形隆起，拔出针头。此时切忌按压注射部位。

(5) **瓣胃注射** 此种注射目的是治疗牛瓣胃阻塞，常用药物为硫酸镁和硫酸钠。注射部位为牛右侧第8～9肋间的肩关节水平线上下各2厘米处。用长约15厘米的18号针头在上述部位刺入，然后注入生理盐水10～15毫升，并倒抽所注液体5毫升左右，证明针头确实注入瓣胃内（液体中有混浊的食物沉渣）时，将稀释的硫酸镁或硫酸钠分点注入其中。

(6) **瘤胃穿刺术** 主要用于瘤胃急性臌气时的放气。通常穿刺的部位是牛左肷部臌气最高处。将欲进针处消毒，稍向上推动皮肤。右手持穿刺针、套管针或16号注射针头，刺入牛体内即可放气。放气时切勿太快。如针被阻塞，可用针芯或消毒后的细铁丝通透。

30. 怎样给牛灌肠？

给病牛排除直肠内的积粪、治疗肠便秘或者直肠内给药或降温等，可采取灌肠法。

根据橡皮管插到肠内的深浅，灌肠又分为浅部灌肠和深部灌肠两种。如果要排除直肠内的积粪，可采取浅部灌肠。如果要治疗肠便秘、直肠内给药或给病牛降温等，应采取深部灌肠。

灌肠要准备灌肠器、橡皮管及水泵。灌肠时，要先在橡皮管上涂石蜡油或肥皂水，橡皮管插入病牛的肛门以后，再逐渐向直肠内慢慢插。要抬高灌肠器，让液体流入牛直肠内。如流得慢，要抽动一下橡皮管。灌入一定数量的液体后，病牛会出现努责现象。这时，要用手握紧或捏住病牛的肛门，或者用手指压迫牛尾根部。同时，还要捏压病牛的背部和腰部，缓解努责，以使直肠内充满液体。然后让输进的液体和粪便一起排出。这样多灌几次液体，直到直肠内的积粪排净为止。

深度灌肠使用的橡皮管要软些，插入直肠后，边灌液体边往肠里插。如用水泵，液体流进的速度就更快。但橡皮管插入越深，液体流进速度应越慢，否则部分肠道会膨胀，甚至可造成肠破裂，特别是有炎症或者坏死的肠段，更易发生这种现象。

31. 牛传染病的治疗方法有哪些？

(1) 针对病原体的疗法

①特异性疗法：指只对某些特定的传染病有疗效，而对其他病无效的方法。

a.注射高免血清，主要用于某些急性传染病的治疗。一般在诊断确实的基础上，在疾病早期注射足够剂量的高效免疫血清，常能取得良好的疗效。

b.注射病愈动物血清，使用时如为异种动物血清，注意防止过敏反应（除非不得已，不提倡使用）。

②抗生素疗法：抗生素为细菌性急性传染病的主要治疗药物。合理应用抗生素是发挥抗生素疗效的重要前提；不合理使用或滥用抗生素，往往可能使敏感病原体对药物产生抗药性，也可能造成机体产生不良反应，甚至中毒。使用时应注意以下几点：

a.针对性强，合理应用，最好在分离病原进行药敏试验的基础上，选择病原敏感的药物进行治疗。

b.要考虑用量、疗程、给药途径、不良反应、经济价值等因素。

　　c.抗生素在首次给药时可用常规剂量的两倍剂量，以起到尽早抗菌的效果。一般急性感染的疗程可于感染控制后3天左右停药，疗程不必过长。

　　d.抗生素应交替使用，每种药物使用3天。

　　③其他化学药物疗法：针对细菌的药物，有磺胺类、抗菌增效剂、喹诺酮类等；针对病毒的药物，近几年有所发展，但药物仍很少，毒性较大。

　　注意：应重视药物残留，用药期间及休药期内的牛奶不得供人饮用。

　　（2）针对动物机体的疗法　目的是帮助病牛增强抵抗力和调整、恢复生理机能，促使牛战胜疫病、恢复健康。

　　①加强管理：如冬季防寒保暖，夏季防暑降温；保持牛舍光线充足、通风良好等。

　　②对症疗法：如退热、止痛、止血、止泻、强心、利尿等。

　　③针对群体的治疗：除药物治疗外，还应紧急接种疫苗、注射免疫血清等。

第二章

牛的常见传染病

32. 疯牛病有何临床表现，如何预防？

疯牛病学名为牛海绵状脑病，是一种发生在牛的进行性中枢神经系统病变，症状与羊瘙痒症类似。

【流行特点】 本病主要通过被污染的饲料经口传染。英国疯牛病的发生，被认为是1981—1982年饲料中添加羊的肉、骨等副产品作为蛋白质来源引起的。一般认为病牛约在出生后的6个月间被感染，但也不能排除垂直感染的可能性。由于本病潜伏期较长，被感染的牛到2岁才开始有少数发病，3岁时发病明显增加，4岁和5岁达到高峰，6～7岁发病开始明显减少，到9岁以后发病率维持在低水平。本病的流行没有明显的季节性。

【症状】 病牛临床大多数表现出中枢神经系统变化，行为异常，惊恐不安，神经质；姿态和运动异常，四肢伸展过度，后肢运动失调、震颤和跌倒、麻痹、轻瘫；感觉异常，对外界声音和触摸敏感，瘙痒。

【诊断】 本病病原不能刺激牛产生免疫反应，故不能用血清学试验来辅助诊断已感染活牛，生化和血清学数值无异常变化，剖检病变不典型。确诊需依靠临床症状和病死牛脑组织检查。检查脑组织切片时，对诊断有意义的部位是延髓第四脑室尾部中央管起始处。此处可见到孤束核和三叉神经脊束核，99.6%的病例可在这两个核区发现空泡变性，神经纤维网呈海绵样病变。

【防控】　本病目前无特效治疗方法。为控制本病，英国规定对患牛一律采取扑杀和销毁措施；禁止在饲料中添加反刍动物蛋白质；严禁病牛屠宰后供食用。我国也已采取了积极的防范措施，以防止该病传入我国。对杀灭该病病原比较有效的消毒剂有氢氧化钠和次氯酸钠。

33. 牛炭疽有何临床特征，如何预防？

牛炭疽是由炭疽杆菌引起牛的传染病，常呈败血性经过。本病的传染源是病畜和其他带菌动物，属人畜共患病。细菌在不良条件下可形成芽孢，在土壤、牧场中的芽孢可存活50年以上。因此，被病原污染的土壤、牧场可成为永久性疫源地。夏季雨水多时，如将病尸遗骸冲出，可引起本病在一定范围内散发或流行。牛炭疽主要经消化道感染，吸血昆虫叮咬也可播散；动物产品如羊毛、皮张上的炭疽芽孢飘浮在空气中，也可引起吸入性感染。

【症状】　潜伏期1~5天。根据病程，可分为最急性型、急性型、亚急性型。

（1）**最急性型**　牛很少见。个别病牛突然发病，倒地，全身战栗，结膜发绀，呼吸高度困难。濒死期口腔、鼻腔流血样泡沫，肛门和阴门流出凝固不全的血液。最后昏迷而死亡。病程很短，从数分钟至数小时。

（2）**急性型**　牛多见。病牛体温升高，可达40~42℃，精神委顿，食欲减退或废绝，常伴有寒战，心搏亢进，脉搏快而细，可视黏膜发绀，并有出血点，呼吸困难；病初便秘，后期腹泻并带有血液，甚至排出大量血块；尿呈暗红色，有时带有血液；妊娠母牛多数流产。在濒死期，体温迅速下降，高度呼吸困难而窒息死亡。病程一般为12天。

（3）亚急性型　病牛症状较轻微，表现体温升高，食欲减退。在颈部、胸前部、下腹部、肩胛部及口腔黏膜、直肠黏膜等处出现炎性水肿，初期有热痛，后期转变为无热无痛，最后中心部位发生坏死，即所谓"炭疽痈"。病程为2～5天。

【预防】　经常发生炭疽的地区，应进行免疫接种。未发生过本病的地区在引进牛时要严格检疫，不要买进病牛。病牛尸体要焚烧、深埋，严禁食用；病牛污染的环境可用20%漂白粉彻底消毒。疫区应封锁，最后一头患病牛完全消灭后14天才能解除封锁。

34. 口蹄疫有何临床特征，如何预防？

口蹄疫是一种急性、热性、高度接触性传染病，以黄牛和牦牛最易感，犏牛和水牛次之。犊牛比成年牛更易感，病死率也很高。本病传染性极强，许多国家与地区都有流行，可造成重大经济损失。

【症状】　潜伏期2～7天，最长14天左右，病牛以口腔黏膜水疱为主要特征。病初，体温升高至40～41℃，精神委顿，食欲减少或废食，反刍停止，闭口流涎（图20）。1～2天后，唇内面、齿龈、舌面和颊黏膜发生水疱，不久水疱破溃，形成边缘不整的红色烂斑（图21～23）。稍后，趾间及蹄冠皮肤表现热、肿、痛，继而发生水疱、烂斑（图24），病牛跛行。水疱破裂，体温下降，全身症状好转。如果蹄病继发细菌感染，局部化脓坏死，则病程延长，甚至发生蹄匣脱落。病牛乳房、乳头、皮肤有时出现水疱、烂斑（图25）。哺乳犊牛患病时，水疱症状不明显，常呈急性胃肠炎和心肌炎症状（图26）而突然死亡。

图20　口蹄疫，病牛大量流涎（田增义）

图21　口蹄疫，鼻镜有淡黄色大水疱（刘思当）

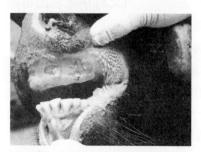

图22　口蹄疫，唇黏膜有烂斑

图23　口蹄疫，舌背黏膜水疱破溃形成的溃烂面（徐有生、刘少华）

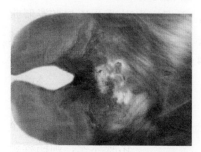

图24　口蹄疫，蹄冠部皮肤破溃

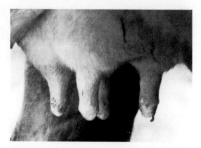

图25　口蹄疫，乳头皮肤有水疱和出血（田增义）

【诊断】 根据流行病学特点和临床症状不难做出诊断，但应与牛黏膜病、牛恶性卡他热、牛水疱性口炎相鉴别。

确诊需做实验室检查，方法有补体结合试验、病毒中和试验、放射免疫标记技术及核酸探针技术等。

该病是影响养牛业最重要的传染病之一，我国将其列为一类动物疫病。一旦发现疫情，要立即上报。确定诊断后，要划定疫点、疫区，并实行封锁。要严格封锁疫点，坚决扑杀病牛和同群牛，并对尸体及其污染物

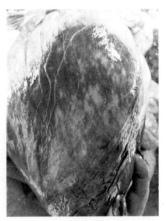

图26　犊牛恶性口蹄疫，心肌有灰白色条纹和斑点（"虎斑心"）（刘思当）

进行焚烧、深埋等无害化处理。对病牛污染的场所进行彻底消毒。要禁止疫区的牛、羊、猪等易感动物、有关畜产品和饲料外调，非疫区的家畜严禁进入疫区。对出入疫区的交通工具和人员必须全面消毒。在扑杀病牛后观察3个月，确实无新病例发生时，可由政府宣布解除封锁，表明该次疫情已被扑灭。

【预防】 严格执行卫生防疫制度，保持牛床、牛舍的清洁、卫生；粪便及时清除；定期用2%氢氧化钠溶液对全场及用具消毒。加强检疫，不从病区购买牛，不把病牛引进入场，保证牛群健康。为防止疫病传播，严禁羊、猪、猫、犬混养。常发地区要定期接种口蹄疫疫苗，接种后14天产生免疫力，并可维持4~6个月。

35. 如何诊断和防控牛病毒性腹泻（黏膜病）？

牛病毒性腹泻-黏膜病简称牛病毒性腹泻或牛黏膜病，是牛

的一种重要传染病。以发热、白细胞减少、口腔及消化道黏膜糜烂和坏死、腹泻为特征，但大多数牛是隐性感染。本病呈世界性分布。

【症状】 本病自然感染的潜伏期为7～10天，短者2天，长者14天，临床上分急性和慢性两型。

(1) 急性型 常见于幼犊，死亡率很高。病犊发病初期表现为体温升高（40～42℃），双相热；流鼻液、咳嗽、呼吸急促，流泪、流涎，精神委顿等；白细胞减少。以后口腔黏膜发生糜烂或溃疡（图27）。多有腹泻症状，稀粪呈水样，初期淡黄色，后期常伴有肠黏膜和血液，恶臭。病犊食欲减少，消瘦，精神倦怠。有的不出现腹泻而突然死亡。哺乳牛泌乳减少或停止，孕牛可发生流产或产下先天性缺陷的犊牛，如小脑发育不全、共济失调。有的发生趾间皮肤溃烂、蹄冠炎、蹄叶炎和角膜水肿。重症病牛5～7天内因急性脱水和衰竭死亡。病理剖检变化表现口腔、食道、胃肠黏膜出血、水肿和糜烂（图28），其中以食道中成纵行的小糜烂最具特征。肺部多有大片的出血病灶；肾脏包膜下、肾皮质多有出血斑变化。

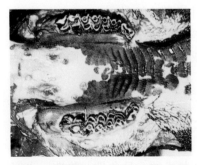

图27 牛病毒性腹泻-黏膜病，腭部黏膜有圆形溃疡

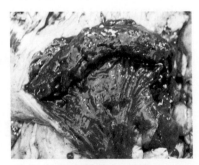

图28 牛病毒性腹泻-黏膜病，大肠壁淤血、水肿；黏膜出血坏死（朴范泽、周玉龙）

(2) 慢性型 多由急性型转来，很少有明显的炎症症状。口腔黏膜很少发生坏死和溃疡，但齿龈通常发红；间歇性腹泻；流鼻液，鼻镜干燥，后变成鼻镜糜烂，可连成一片；眼睛流泪或流黏性透明分泌物，有的角膜混浊，有的表现青光眼；有的发生慢性蹄叶炎和严重的趾间坏死，病牛跛行；有的还表现局限性脱毛和表皮角化，病牛发育不良，衰竭死亡。

【诊断】 根据临床症状进行诊断，必要时做病毒分离鉴定及血清学检查。应注意与牛口蹄疫、恶性卡他热鉴别。病毒分离应于病牛急性发热期间采取血液、尿、鼻液或眼分泌物；剖检时采取脾脏、骨髓、肠系膜淋巴结等病料，然后通过人工感染易感牛犊或乳兔来分离病毒。血清诊断学方法有血清中和试验、免疫荧光技术等。

【防控】

(1) 治疗 目前无特效治疗方法，对症治疗和加强护理可减轻症状，增强抵抗力，促进病牛恢复。止泻、防止脱水和电解质紊乱，并预防细菌继发感染，可用下列处方：含糖盐水1 000～2 000毫升，恩诺沙星注射液8～18毫升，维生素C 2～4克，5%碳酸氢钠200～400毫升，混合后静脉注射，每天1次，连用3～4天。还可使用板蓝根、大青叶等动物用抗病毒中药肌内注射。

(2) 预防 加强免疫，可用牛黏膜病弱毒疫苗或猪瘟弱毒疫苗进行接种。对发病牛进行隔离或急宰，严格消毒，限制牛群活动，防止扩大传染。

36. 如何诊断和防控牛水疱性口炎？

水疱性口炎是由病毒引起人畜共患的一种急性、热性、水疱性传染病，主要发生于牛、马和猪，以口腔黏膜发生水疱、流泡沫样口涎、偶见侵害蹄部或乳房皮肤为特征。一般呈良性经过。

牛、猪发生本病时，临床症状与口蹄疫几乎没有区别。

【症状】 自然病例潜伏期3~7天。病初体温升高至40~41℃，精神沉郁，食欲减退，反刍减少，大量饮水；口唇黏膜及鼻镜干燥，耳根发热，当舌、唇黏膜上突然出现水疱时体温降至常温。水疱可由豆粒大到核桃大，内含黄色透明液体，1~2天后水疱破溃，露出红色烂斑或大片溃烂面。有时出现舌上皮大面积脱落，病牛流大量白色泡沫状口涎，不愿采食或采食困难，但想喝水。几天后恢复正常采食，口腔病变要十几天才能完全愈合，偶见个别病牛乳房、乳头或蹄部皮肤发生水疱，并可造成上皮剥脱，病程1~2周，但极少引起死亡。本病存在"逆年龄感受性"，即成年牛的感染性高于1岁以内的犊牛，后者极少发生临床感染。

【诊断】 根据本病流行有明显的季节性及典型的水疱样病变，以及流涎等特征症状，结合本病极少侵害蹄和乳房，传染性弱，发病率低，可以做出诊断。本病主要应与口蹄疫相鉴别。

【防控】 本病呈良性经过，一般不需治疗，主要是隔离病牛，加强护理，防止并发感染和散播病原。被病牛污染过的用具和环境必须彻底消毒，疫区进行必要的封锁。必要时，可采取当地病畜的舌黏膜、组织器官和血液制成结晶紫甘油或鸡胚结晶紫甘油疫苗，给受威胁的牛接种。康复动物的血清具有高效价的中和抗体和补体结合抗体，对同型病毒的再感染具有坚强的免疫力。

37. 如何诊断和防控牛破伤风？

破伤风是由破伤风梭菌侵入伤口、生长繁殖、产生毒素引起的一种急性特异性感染，该菌厌氧，为革兰氏阳性菌，能形成芽孢。在污染的土壤和某些动物的肠道中广泛存在。细菌增殖生长后最终形成芽孢。芽孢位于杆状菌体的末端，在显微镜下形似"羽毛球拍状"或"鼓槌状"。在土壤中芽孢存活数年不易被破坏。

破伤风梭菌芽孢一旦进入组织，在坏死组织、厌氧环境及其他适合生长条件下转变为增殖细菌。与破伤风有关的最常见的感染途径是新生犊牛的脐带断端、去角伤、去势伤、鼻环伤、断尾伤、蹄底脓肿、耳号伤、慢性窦感染和身体任何部位的深坏死伤、难产继发的外阴或阴道的坏死性损伤及新近产犊母牛严重的子宫炎。

【症状】　潜伏期为1～2周。病牛初期精神不振，但食欲不减。张口困难，口角流涎，咀嚼和吞咽都较困难，严重时牙关紧闭，完全不能咀嚼和吞咽。有时下颌下垂，舌头伸到口外。肌肉僵硬，运动拘谨，严重时关节不能弯曲，四肢伸直，颈向后弯，横卧不起（图29）。眼睛半睁半闭，瞳孔放大，瞬膜突出。反刍、嗳气停止，常有便秘、瘤胃臌气。反射兴奋性增高，受到声响、强光、触摸等刺激时，痉挛加剧。体温不高，有的在临死前迅速升高。一般在出现症状3～10天内死亡。只要治疗及时，死亡率较低。

图29　破伤风，肢体强直，头颈僵硬
（张晋举）

【诊断】　通常根据病牛的临床症状做出诊断。患牛死亡后有关症状消失，因此要证实生前患破伤风时要排除其他疾病，找到破伤风梭菌的生长部位。若找到破伤风病牛的感染部位，应在显微镜下检查该部位的脓液或坏死组织，或通过培养确定破伤风梭菌。但是对有明显临床症状的患牛即使未找到破伤风梭菌，也绝不能排除破伤风。

【治疗】　破伤风可能引起多种并发症。

首先应查找破伤风患牛的感染部位，若伤口或感染部位能确定，应清洗患部、清创、引流，并进行镇静和止痛。创口应尽可能暴露在空气中以减少细菌在厌氧环境中的进一步生长和产生毒素。对创口进行3~4次反复处理。破伤风抗毒素不能抵消已经与受体结合的毒素，但能与循环中的或尚未固定的毒素结合。对犊牛和有价值的奶牛，通过静脉导管输入青霉素钾，可以减轻患牛的不适。

应尽量减少患牛在破伤风发作时的强直、兴奋、抽搐和疼痛，因此应在患牛的外耳道放入棉花降低声音刺激。应将患牛放在光线较暗的厩舍中，并尽可能保持安静，厩舍地面和垫草应防滑。镇定药对患牛有用，可注射乙酰丙嗪，成年牛20~40毫克，2~4次/天，可通过留置导管静脉注射，也可肌内注射。

破伤风患牛发生瘤胃臌气时应通过瘘管排出多余的气体。胃管插入和其他治疗都能引起患牛惊慌，因此最好给病牛使用镇静药。

大多数破伤风病牛自确诊之后14天内应视为危重病牛。轻型病例1周内可能治愈，但这不常见。多数病牛尽管已进行治疗处理，病情仍会进一步恶化，躺卧或发生其他并发症，最后死亡。

在治疗后24~48小时病情稳定的病牛有治愈的可能，但许多病牛稳定后却发生不可预见的并发症导致死亡。重新获得饮水能力是病牛情况好转的一个指征：原先不能饮水的牛在治疗3~5天后出现饮欲，此时采取必要的措施避免各种可能出现的并发症，患牛如能耐过14天一般可以康复。

【预防】 有患病危险或在破伤风高发的某些地区的牛应做破伤风类毒素免疫接种，第1年应注射2次，间隔24周，此后每年1次，使动物得到保护。

38. 如何防治牛流行性感冒？

牛流行性感冒是由病毒引起的一种常见的急性、热性传染病，多发于早春和深秋季节。由于气候寒冷、多变，如果不注意对牛只的保健护理，一旦冷风侵袭，部分牛易患感冒，很快在牛群中相互传染，造成暴发和流行。

【预防】 如果牛出现高热、咳嗽、流鼻涕、寒战、呼吸加快等症状，必须尽早隔离，抓紧治疗，用药越早效果越好。在本病流行期间，要加大消毒力度，定期用能杀灭病菌和病毒的氯制剂、百毒杀等新型药物消毒。牛舍要注意保温，防止牛受贼风侵袭，禁止与发病牛接触；牛床勤铺勤换垫土，牛舍要保持卫生、干燥、通风良好；注意让牛休息，保持安静勿惊扰。

在本病流行的地区，对未发病的牛，可用中药方剂进行预防，有一定的效果。在流行季节前，有条件的地方，如能用当地牛流感病毒分离株制成灭活苗，给牛接种，是行之有效的预防方法。

【治疗】 主要是对症处置。

39. 如何诊断和防治牛恶性水肿？

牛恶性水肿是由腐败梭菌为主的多种梭菌引起，经创伤感染，以局部发生炎性水肿并伴有产酸产气为特征。

【症状】 病牛在发病初期食欲减退，体温升高，伤口周围出现肿胀，并迅速蔓延。肿胀部初期表现坚实、疼痛，后变为无热、无痛，触之柔软，有轻度捻发音。切开肿胀部皮下及肌肉间的结缔组织中有酸臭的、含有气泡的淡黄色液体浸润。肌肉松软似煮肉样，病变严重者呈暗红或暗褐色（图30、图31）。

【诊断】 根据临床特点和病变特征，结合外伤的情况可做出初步诊断，确诊有赖于细菌分离鉴定。此外，还可用荧光抗体技术对本病做快速诊断。本病应注意与气肿疽相区别。

【预防】 预防本病可接种多联疫苗及其粉末疫苗，也可用多价抗血清做预防注射，尤其对家畜施行大手术前进行预防免疫效果良好。平时应注意防止外伤，合理治疗创伤，在进行采血、注

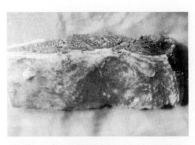

图30　牛恶性水肿，皮下与肌间
　　　结缔组织明显出血、水肿
　　　（王雯慧）

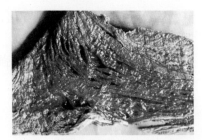

图31　牛恶性水肿，肌肉水肿、
　　　柔软，无光泽，似半煮
　　　熟状

射、去势、断尾和剪毛时严格无菌操作。

【治疗】　应从早从速，局部治疗和全身治疗相结合。全身治疗在早期采用抗生素（青霉素、链霉素）或磺胺类药物，效果较好。局部治疗应尽早切开肿胀部，扩创清除病变组织和产物，用0.1%高锰酸钾或3%过氧化氢溶液冲洗，之后撒布青霉素粉末，施以开放疗法。对症治疗可依据病牛情况进行抗菌消炎、强心补液、缓解酸中毒等。

40. 牛狂犬病的症状和防治措施有哪些？

狂犬病俗称疯狗病，又名恐水病，是由狂犬病病毒引起的多种动物共患的急性接触性传染病。本病以发病动物神经调节障碍、反射兴奋性增高、表现狂躁不安、意识紊乱为特征，最终因发生麻痹而死亡。

【症状】　潜伏期30～90天。病牛病初精神沉郁，反刍减少，食欲降低，不久表现起卧不安，前蹄刨地，出现兴奋性和攻击性动作，试图挣脱绳索，冲撞墙壁，跃踏饲槽，磨牙流涎，性欲亢进。一般少有攻击人畜现象。病牛兴奋发作后，往往有短暂停歇，稍后再次发作，逐渐出现麻痹症状，表现为吞咽困难、伸颈、臌气、里急后重等，最终卧地不起，衰竭而死。

【防控】

（1）捕杀野犬和病犬，加强犬类管理，养犬必须登记注册，并进行免疫接种。

（2）疫区和受威胁区的牛以及其他动物用狂犬病弱毒疫苗进行免疫接种。

（3）加强口岸检疫，检出阳性动物就地扑杀销毁。进口犬类必须有狂犬病免疫证书。

（4）当人和家畜被患有狂犬病的动物或可疑动物咬伤时，应迅速用清水或肥皂水冲洗伤口，再用0.1%氧化汞溶液、碘酒、酒精等做消毒处理，并用狂犬病疫苗进行紧急免疫接种，间隔3～5天注射两次，每次皮下注射25～30毫升。有条件的可在咬伤后注射狂犬病免疫血清，每千克体重0.5毫升。

41. 如何诊断和防治牛蓝舌病？

牛蓝舌病又名茨城病，是由茨城病病毒引起的一种急性热性传染病，临床表现为突发高热、咽喉麻痹、关节疼痛等。

【症状】 人工感染潜伏期3～5天。病牛突发高热，体温升高达40℃以上，持续2～3天，少数可维持7～10天。精神沉郁、厌食、流泪，反刍停止、流泡沫样口涎。结膜充血、水肿。血液白细胞数减少。病情多轻微，2～3天可完全恢复。病牛腿部常发生疼痛性的关节肿胀。部分病牛在口腔黏膜、鼻腔黏膜、鼻镜及口唇等部位发生糜烂或溃疡。20%～30%的病牛表现为呕吐、咽喉麻痹、吞咽困难。由于饮水逆出而呈明显的缺水。偶尔发生吸入性肺炎而引起死亡。蹄冠部、乳房、外阴部可见浅的溃疡。

【诊断】 本病要根据流行病学、临床症状及实验室诊断才能确诊。

【治疗】　发生本病后首先要隔离病牛，使其安静，给予优质干草或青草，控制精料。另外，在此期间要考虑到可能会出现麻痹症状，应采取多给饮水的措施。若出现了麻痹症状，为了避免危险性极大的误咽性肺炎，需通过注射或输液给牛大量补充液体。

为达到补液的目的可静脉注射林格氏液，但应避免注射速度过快，以免增加心脏负担。要想安全而又快速地进行大量的补液，在右肷部进行腹腔注射较为方便。

出现咽喉麻痹时间较长的病牛，不但体液缺乏，而且瘤胃及消化道内的水分也缺乏，为了使消化道恢复正常，必须补给水分。在这种情况下为了防止误咽，必须用胃导管向瘤胃内注水，如果用这种方法困难，则要在左侧肷部中心点刺入套管针直接向瘤胃中注水。为了让水分在瘤胃内很好地停留下来，在注水完成后的几分钟内最好把牛头抬高，然后再慢慢放下。

42. 如何诊断和防治牛出血性败血症（巴氏杆菌病）？

牛出血性败血症是由多杀性巴杆菌引起的。病牛和带菌牛是主要传染源，其分泌物和排泄物中含有病菌，可污染饲料、饮水、空气，健康牛经消化道、呼吸道、破损的皮肤感染，吸血昆虫叮咬也可传播该病。健康牛上呼吸道也有巴氏杆菌，当突然受寒冷袭击，或其他因素导致抵抗力降低时，也会发生自体感染。

【症状】　潜伏期2～5天，根据临床症状和病型可分为以下两型。

（1）急性败血型　体温突然升高到40～42℃，精神沉郁，食欲废绝，呼吸困难，黏膜发绀，有的鼻流带血泡沫，有的腹泻，粪便带血，发病后24小时内因虚脱而死亡。剖检时往往没有特征性变化，只有黏膜和内脏表面有广泛的点状出血（图32）。

（2）**肺炎型** 此型最常见。病牛呼吸困难，有痛性干咳，鼻流无色泡沫，叩诊胸部有浊音区，听诊有支气管呼吸音、啰音或胸膜摩擦音，严重时呼吸高度困难，头颈伸直，张口伸舌，颔下喉头及颈下方常出现水肿，不敢卧地，常迅速死于窒息。2岁以下的小牛多伴有带血的剧烈腹泻。主要病变为纤维素性肺炎，胸腔内有大量蛋花样液体；肺与胸膜心包粘连，肺组织发生肝样变，切面呈红色、灰黄色或灰白色，有散在的小坏死灶（图33）。发生腹泻的牛则胃肠黏膜严重出血。

图32 巴氏杆菌病，心冠脂肪和心外膜有大量出血斑点（李玉和）

图33 巴氏杆菌病，肺充血、出血、肝样变，切面呈大理石样（王金玲）

【治疗】 使用高免血清治疗，效果良好。青霉素、链霉素、四环素类抗生素或磺胺类药物均有一定的疗效。如将抗生素与高免血清联用，则疗效更佳。

【预防】 加强饲养管理，增强机体抵抗力，避免拥挤和受寒，注意日粮的营养全价，消除发病诱因，圈舍、围栏要定期消毒。本病流行地区，每年要进行预防注射。

43. 如何诊断和防治牛李氏杆菌病？

李氏杆菌通过消化道、呼吸道及损伤的皮肤等途径感染牛，感染动物的体内、体表及其污染的饲料特别是青贮饲料都可成为传染源。污染饲料被牛采食后，该菌从口腔黏膜的创伤侵入，经延髓、脑干部的三叉神经上行至神经纤维内，并在延髓实质形成病灶。所以，坚硬的饲料刺伤口腔黏膜是感染本菌的重要原因。

【症状】　病初患牛突然出现食欲废绝、精神沉郁，呆立、低头垂耳，轻热，流涎，流鼻液，流泪，不随群行动，不听驱使等症状。不久就出现头颈一侧性麻痹和咬肌麻痹，该侧耳下垂、眼半闭，乃至丧失视力，沿头的方向旋转或做圆圈运动，遇障碍物则以头抵靠不动。颈项强硬，有的呈现角弓反张。由于舌和咽麻痹，水和饲料都不能咽下。有时于口颊一侧积聚大量没嚼烂的草料，可见大量持续性的流涎，出现严重的鼻塞音。最后倒地不起，发出呻吟声，四肢呈游泳样动作，昏迷而死。病程短的2～3天，长的1～3周或更长。

犊牛除脑炎症状外，有时呈急性败血症，主要表现为发热、精神沉郁、虚弱、消瘦及腹泻等。

【诊断】　如出现特殊神经症状、孕牛流产，血液中单核细胞增多，可疑为本病，但必须通过实验室检验才能确诊。

【治疗】　群发时，应迅速隔离病牛进行治疗。消毒被污染的场舍、用具。屠宰病牛时应注意消毒和防止病菌散布。同时应查出原因采取防控措施。如果是青贮饲料的原因，应立即停喂，改用其他饲料。

大多数抗生素对李氏杆菌都有很好的效果，能抑制李氏杆菌的繁殖，所以病初大剂量应用抗生素，可取得满意效果。但表现神经症状的，治疗都难以奏效。

土霉素有特效，发现后应立即静脉注射盐酸土霉素，每千克体重2.5～5.0毫克，每天2次。

44. 如何诊断和防治犊牛副伤寒（沙门氏菌病）？

牛副伤寒又称沙门氏菌病，是由沙门氏菌引起的多种动物发生的一种传染病。病牛和带菌牛是主要传染源，从粪、尿、乳、流产胎儿、胎衣、羊水等排出细菌，污染环境。经消化道、交配、子宫内感染，犊牛在出生后30～40天最易感，而成年牛容易在夏季放牧时发病。

【症状】 潜伏期1～3周。犊牛发病，体温升高至40～41℃，食欲不振。经2～3天出现胃肠炎症状，排出黄色或灰黄色的稀便，恶臭，带有纤维素，有时混有伪膜。有的可见咳嗽和呼吸困难。一般在出现症状后5～7天内死亡。出生时已经感染的犊牛，常在出生后48小时内拒吃奶，喜卧，迅速衰竭，在4～5天内死亡。

成年牛发病多为散发，体温达40～41℃，精神沉郁，食欲不振，产乳量减少。严重的出现昏迷，食欲废绝，呼吸困难，迅速衰竭。多数牛病后12～24小时，在粪便中出现血块，很快腹泻，恶臭，也可见纤维素和伪膜。孕牛可发生流产。病牛常在3～5天内死亡。

【治疗】 应用土霉素、磺胺类药物治疗有效。

【预防】 应加强饲养管理，圈舍保持良好的卫生状况，饲料、饮水要清洁。在发病牛群，可给犊牛注射牛副伤寒疫苗。

45. 如何诊断和防治犊牛大肠杆菌病？

犊牛大肠杆菌病又称犊牛白痢，是由某些血清型的大肠杆菌引起的一种急性传染病。大肠杆菌广泛地分布于自然界，动物出生后很短时间内其即可随乳汁或其他食物进入胃肠道，成为正常菌。当新生犊牛抵抗力降低或发生消化障碍时，均可引起发病。传染途径主要是经消化道感染，子宫内感染和脐带感染也有发生。本病多发生于2周龄以内的犊牛。

【症状】　临床表现可分为三种类型。

（1）败血型　也称脓毒型。潜伏期很短，仅数小时。主要发生于产后3天内的犊牛。大肠杆菌经消化道进入血液，引起急性败血症。发病急，病程短。患牛表现体温升高，精神不振，不吃奶，多数有腹泻，粪似蛋花汤样，淡灰白色。四肢无力，卧地不起。多发生于吃不到初乳的犊牛。病情发展很快，常于病后1天内死亡。

（2）中毒型　也称肠毒血型，比较少见。主要是由于大肠杆菌在小肠内大量繁殖，产生毒素所致。急性者未出现症状就突然死亡。病程稍长的，可见典型的中毒性神经症状，先不安、兴奋，后沉郁，直至昏迷，进而死亡。

（3）肠炎型　也称肠型。体温稍有升高，主要表现腹泻。病初排出的粪便呈淡黄色、粥样、有恶臭，继而呈水样，淡灰白色，混有凝血块、血丝和气泡。严重者出现脱水现象，卧地不起，全身衰弱。如不及时治疗，常因虚脱或继发肺炎而死亡。个别病例也会自愈，但以后发育迟缓。剖检可见胃肠炎变化，肠黏膜充血、出血（图34）。

图34　犊牛大肠杆菌病，肠黏膜充血、出血（陈怀涛）

【诊断】　可根据临床症状、流行情况、饲养状况及剖检变化等综合分析判定。

【治疗】　治疗原则是抗菌、补液、调节胃肠机能和调整肠道微生态平衡。

（1）抗菌　可用土霉素、链霉素或新霉素。内服，初次剂量为每千克体重30～50毫克，12小时后剂量可减半，连服3～5天。或以每千克体重10～30毫克的剂量肌内注射，每天2次。

（2）补液 将补充的药液加温，使之接近体温。补液量以脱水程度而定，原则上失多少水补多少水。当有食欲或能自吮时，可用口服补液盐。不能自吮时，可用5%葡萄糖生理盐水或复方氯化钠溶液，静脉注射。发生酸中毒时，可用5%碳酸氢钠溶液。注射时速度宜慢。如能配合使用适量母牛血液更好，皮下注射或静脉注射，可增强抗病能力。

（3）调节胃肠机能 可用乳酸2克、鱼石脂20克，加水90毫升调匀，每次灌服5毫升，每天2～3次。也可内服保护剂和吸附剂，如次硝酸铋、白陶土、活性炭等，以保护肠黏膜，减少毒素吸收，促进早日康复。

（4）调整肠道微生态平衡 待病情有所好转时，可停止使用抗菌药，内服调整肠道微生态平衡的微生态制剂。例如，促菌生6～12片，配合乳酶生5～10片，每天2次；或健复生1～2包，每天2次；或其他乳杆菌制剂。使肠道正常菌群早日恢复微生态平衡，有利于病牛早日康复。

【预防】

（1）养好妊娠母牛 改善妊娠母牛的饲养管理，保证胎儿正常发育，产后能分泌良好的乳汁，以满足新生犊牛的生理需要。

（2）及时饲喂初乳 为使犊牛尽早获得抗病的母源抗体，在产后30分钟内（至少不迟于1小时）喂上初乳，第一次喂量应稍大些。在常发病的牛场，凡刚出生犊牛在饲喂初乳前，皮下注射母牛血液30～50毫升，并及早喂上初乳，对预防犊牛大肠杆菌病是重要的措施。

（3）保持清洁卫生 产房要彻底消毒。接产时，母牛外阴部及助产人员手臂用1%～2%来苏儿溶液清洗消毒。认真处理脐带，在距腹壁5厘米处剪断，断端用10%碘酊浸泡1分钟或灌注，防止因脐带感染而发生败血症。要经常擦洗母牛乳头。

46. 如何诊断和防治新生犊牛腹泻？

【病因】 外界环境不良和垂直感染都可以引起犊牛腹泻；畜舍潮湿，温度不稳定，消毒不彻底，会使大肠杆菌乘虚而入引起犊牛腹泻；母源性腹泻的原因有两种，初乳中免疫球蛋白含量不足或母牛患有乳腺炎，加上新生犊牛的免疫器官还不完善，出生后没有及时地提供足够的初乳，都可以引起犊牛腹泻。

【症状】 环境引起的，一般在7日龄内发生，患病犊牛初期表现体温升高至41～42℃，精神沉郁，四肢无力，心跳加快，肠音高亢，粪便呈水样、黄灰色或绿色，严重者带有黏液或血液。后期病犊体质虚弱，身体消瘦，个别关节肿胀、发热、疼痛而卧地。母源性腹泻一般发生于出生后1～2天，病前胎粪停滞，粪便黏稠。犊牛拱腰，体温升高，呼吸加快，鼻镜干裂；如果母牛患乳腺炎，犊牛排黄色或绿色水样粪便，精神沉郁，四肢无力。

【剖检变化】 蹄叶炎或趾间糜烂坏死；鼻腔流鼻液，鼻黏膜严重出血；门齿齿龈出血、糜烂；皱胃黏膜严重出血、水肿、糜烂和溃疡；大脑充血，脊髓出血。

【防治】

（1）由环境引起的，冬春季注意保暖、防寒、防潮湿；勤换垫草。

（2）控制本病重在预防。妊娠母牛要加强产前产后的饲养和护理。犊牛及时吮吸初乳，饲料配比适当，勿使过饥或过饱，断乳期饲料不要突然变化。

（3）产后观察母牛是否发生乳腺炎，母牛如发生乳腺炎应及时停止给犊牛哺乳，可口服温红茶水100～200毫升，喂牛奶（食量减半）加链霉素100毫克，每天1次。同时肌内注射痢菌净，每千克体重0.1毫升，每天2次。对严重脱水病牛进行相应的输液治疗，效果显著。

47. 如何诊断和防治牛附红细胞体病？

附红细胞体病是由嗜血支原体引起的一种传染病。嗜血支原体原称为附红细胞体。病牛和带菌牛是传染源，其主要传播途径是吸血昆虫叮咬，经血液以及胎盘传染给胎儿。

【症状】　各种年龄的牛都可感染，主要集中在夏秋季节发病。病初症状不明显，仅表现为异嗜、口渴，黏膜呈黄白色。随着疾病的发展，体温升高达40～42℃，精神不好，呼吸、心跳加快，食欲降低，反刍减少。流涎，流泪，多汗。四肢乏力，行走不稳，严重的卧地不起。产奶减少，发生便秘或腹泻，出现尿血。孕牛可发生流产。后期，黏膜极度苍白，黄疸也明显，肌肉震颤，有的突然退热后死亡。

【预防】　在夏秋季节，消灭吸血昆虫，切断传播途径，有利于控制本病。在本病流行地区，于5月份发病前用贝尼尔或黄色素进行两次预防性注射，间隔10～15天，可防止本病的发生。

【治疗】　发病后病牛要隔离，精心饲养和护理。可选用贝尼尔、黄色素、四环素或土霉素进行治疗。贝尼尔，每千克体重3～7毫克，用生理盐水配成5%的溶液，在深部肌内多点注射，每天1次，连用2天；黄色素，每千克体重3～4毫克，用生理盐水配成0.5%～1%的溶液，缓慢静脉注射，必要时间隔1～2天可再注射1次；四环素或土霉素250万～300万单位，一次静脉注射，每天2次，连用2～3天。此外，静脉注射葡萄糖、维生素C等有利于病牛恢复。

48. 如何诊断和防治牛坏死杆菌病？

坏死杆菌病是坏死梭杆菌引起的多种家畜发生的一种慢性传染病，以病部组织呈液化性坏死和有特殊臭气为特征。

【症状】　潜伏期1～2周，一般1～3天。牛的坏死杆菌病在临床上常见的有腐蹄病、坏死性口炎（白喉）等。

（1）腐蹄病　多见于成年牛。当叩击蹄壳或钳压病变部位时，可见小孔或创洞，内有腐烂的角质和污黑臭水。这种变化也可见于蹄的其他部位，病程长者还可见蹄壳变形。重者可导致病牛卧地不起，表现全身症状，进而发生脓毒败血症而死亡。

（2）坏死性口炎　又称"白喉"，多见于犊牛。病初厌食、发热、流涎、鼻漏、口臭和气喘。口腔黏膜红肿、增温，在齿龈、舌、腭、颊或咽等处，可见粗糙、污秽的灰褐色或灰白色的伪膜。如坏死上皮脱落，可遗留界线分明的溃疡物（图35），其面积大小不等，溃疡底部附有恶臭的坏死物。发生在咽喉者有颌下水肿、呕吐、不能吞咽及严重的呼吸困难。病变有时蔓延至肺部，引起致死性支气管炎或在肺和肝形成坏死性病灶（图36），常导致病牛死亡。病程5～20天。

图35　坏死杆菌病，舌背面有大块坏死和溃疡（王金玲）

图36　坏死杆菌病，肝脏有凝固性坏死灶（王金玲）

【防治】 加强饲养管理，精心护理牛只，保持牛舍环境、用具的清洁与干燥，低湿牧场要注意排水，及时清理运动场地的粪便、污水。定期给牛修蹄，发现外伤应及时进行处理。

治疗本病一般采用局部治疗和全身治疗相结合的方法。对腐蹄病病牛，应先彻底清除患部坏死组织，用3%来苏儿溶液或10%硫酸铜洗蹄，然后在蹄底病变洞内填塞高锰酸钾粉。对软组织可涂布抗生素、磺胺、碘仿等药物，以绷带包扎，外层涂些松馏油以防腐防湿。

对坏死性口炎（白喉）病牛，应先除去伪膜，再用0.1%高锰酸钾溶液冲洗，然后涂擦碘甘油，每天2次至病愈。对有全身症状的病牛应注射抗生素，同时进行强心、补液等治疗方法。

49. 如何诊断和预防牛布鲁氏菌病？

布鲁氏菌病是由布鲁氏菌引起的一种人畜共患慢性传染病。家畜以牛、羊、猪最易感。牛发生本病主要侵害生殖系统和关节，母牛表现为流产，公牛表现为睾丸炎。病牛和带菌牛是主要传染源。病原菌可随同流产胎儿、胎衣、羊水、子宫渗出物、精液、乳汁、脓汁排出体外，污染饲草、饲料、饮水和周围环境，健康牛主要经消化道、交配、损伤和未损伤的皮肤引起感染，吸血昆虫也能传播该病。

【症状】 妊娠母牛主要表现流产，一般发生于妊娠后期。流产前数日常有分娩预兆，如阴唇、乳房肿大，荐部、胁部下陷，乳汁呈初乳性质。此外，还有生殖道的发炎症状，如阴道黏

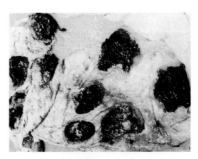

图37 布鲁氏菌病，母牛胎盘水肿，子叶出血、坏死

膜出现粟粒大红色结节，阴道流出灰
白色或灰色黏性分泌液。流产后多数
伴发胎衣不下或子宫内膜炎（图37），
需要2～3周恢复。有的牛病愈后长
期排菌，可成为再次流产的原因。有
的牛经久不愈，屡配不孕。此外，病
牛常发生关节炎，滑液囊肿胀、疼
痛，以膝关节、腕关节和跗关节多
发。还有的牛发生淋巴结炎或脓肿。

　　公牛患布鲁氏菌病时可发生睾
丸炎、附睾炎（图38），并失去配种
能力。

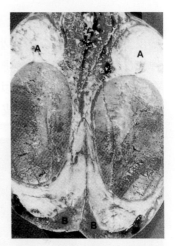

图38　布鲁氏菌病，公牛急性
睾丸炎和附睾炎（A），
阴囊下垂部皮下水肿（B）

　　【预防】　一是在引进牛时，一定
要做好检疫，不要引进病牛。二是在
有本病发生的地区，给牛群接种布鲁氏菌病疫苗。三是对病牛群
进行检疫，每年至少一次，淘汰病牛。

　　因布鲁氏菌是胞内菌，即生活在细胞内，化学药物治疗效果
不佳，预防显得尤为重要。

50. 如何诊断和防治牛钱癣？

　　牛钱癣是由某些真菌引起的一种慢性皮肤病。病牛是传染源，
主要通过病牛和健康牛的直接接触而传染，也能经饲槽、牛栏、
刷拭用具、饲养人员等间接传播。任何品种、性别、年龄的牛都
可感染，犊牛尤其易感。气温高、湿度大，饲养密度大，舍饲牛
最容易发病，秋冬季严重。

　　【症状】　病变主要出现在头部（图39）（如眼睑、口周围、面
部），有时也见于颈部（图40）和躯体上。开始出现些小结节，结

节上附着皮屑，逐渐扩大呈圆形的斑，突起，灰白色，有痂皮，痂皮上有少量断毛。癣痂小的像铜钱大，大的像核桃或更大。这种痂皮在1～2个月后自然脱落，留下秃斑，以后可以再长出新毛，有的癣斑也可互相融合成大片状。病牛表现剧痒，有触痛，常常在围栏上摩擦，有时引起皮下出血，减食，消瘦。

图39　牛钱癣，头部症状

图40　牛钱癣，肩颈部症状

【预防】　主要是加强饲养管理，改善卫生状况，适当降低舍饲密度。发现病牛，立即隔离，其他牛进行检疫。环境要彻底消毒，圈舍可用2%热氢氧化钠、0.5%过氧乙酸、3%来苏儿等喷洒或熏蒸。

【治疗】　局部剪毛，用温水或肥皂水洗净病变处，除去痂块，用抗真菌药物或软膏治疗。如将硫酸铜25克、凡士林75克，混合制成软膏，每5天涂搽一次，两次即有效。此外，还可用10%萘软膏、萘酚软膏、焦油软膏或10%碘酊外用治疗，效果也不错，一般2～3周可治愈。

第三章 牛的常见内科病

51. 如何诊疗牛口炎？

口炎是口腔黏膜的表层炎症，偶尔也发生水疱性或溃疡性口炎。多是由于饲喂不当，如吃了粗糙和尖锐的饲料，或饲料中混有木片、玻璃或麦芒等杂物所造成；牙齿磨灭不正或各种坚硬机械的刺激；或服用高浓度的刺激性药物如冰醋酸、酒石酸锑钾等；吃了有毒植物，误饮氨水，维生素缺乏等，都可引起本病。此外，本病还可能继发于某些传染病，如口蹄疫等。

【症状】　主要表现采食、咀嚼障碍和流涎。病初，黏膜干燥，口腔发热，唾液量少。随疾病发展，唾液分泌增多，在唇缘附着白色泡沫并不断由口角流下，常混有食屑、血丝。口腔黏膜感觉敏感，采食、咀嚼缓慢，严重时可在咀嚼中将食团吐出。开口检查时可见黏膜潮红、温热、疼痛、肿胀，有干臭味。舌面有舌苔，在口腔黏膜有溃疡面，大小不等。全身症状轻微。

【防治】

（1）可用3%碳酸氢钠溶液、0.1%高锰酸钾溶液或0.1%雷佛奴耳（别名利凡诺）溶液冲洗口腔。

（2）如果唾液多，则用2%～5%的硼酸溶液或1%～2%的明矾溶液、2%左右的甲紫溶液冲洗口腔。

（3）也可用0.2%～0.6%硝酸银溶液或10%磺胺甘油乳剂涂搽口腔。

（4）病牛口腔溃烂、溃疡处可涂搽碘甘油。

（5）有全身炎症时，可以肌内注射青霉素或磺胺噻唑钠，连续注射5天左右。

52. 如何诊疗牛食道梗塞？

食道梗塞又称为食管阻塞，是由于吞咽物过于粗大和/或咽下机能紊乱所导致的一种食管疾病。常因采食胡萝卜、甘薯类块根、块茎或未被打碎和泡软的饼粕类饲料所引起。

【症状】 采食突然中止，头颈伸直、流涎、咳嗽，不断咀嚼伴有吞咽困难，摇头晃脑，惊恐不安。可分为食道前部阻塞与胸部食道阻塞两种。食道前部阻塞可以在颈侧摸到，而胸部阻塞可从食道积满唾液的波动感诊断。

【防治】

（1）治疗

①经口取物法：梗塞物如果在颈部食道上1/3时，可采用本法。操作时必须装着开口器，将牛头和开口器一并固定牢靠，以防开口器滑落造成意外。先用胃管向食道内投送3%～5%普鲁卡因溶液20～30毫升，经15分钟后再投送液状石蜡或植物油50～100毫升。一人从体外将梗塞物推到咽部，另一人将手伸到咽部将梗塞物取出。

②推送法：梗塞物在颈部食道下方或胸部食道时采用本法。先将牛头吊起并固定好，用胃管向食道内投送液状石蜡或植物油100～200毫升。经20～30分钟后，将牛口装着开口器，选一根

拇指粗的新绳，要求一端要平滑，绳端涂抹液状石蜡或植物油后，从口腔插入食道，缓慢推送梗塞物，使其进入胃中。

（2）预防　在日常饲养管理过程中，合理搭配饲料，做好饲料保管和加工调制工作。

53. 如何诊疗牛瘤胃积食？

牛瘤胃积食又称瘤胃食滞、瘤胃阻塞，中医称为宿草不转，是因前胃收缩力减弱，采食大量干燥饲料停滞所引发的急性瘤胃扩张。主要因采食饲料过多引起的，是牛常发生的一种疾病。

【症状】　瘤胃积食病情发展迅速，通常在采食后数小时内发病，临床症状明显。病初，病牛精神不安，目光凝视，回顾腹部，间或后肢踢腹，有腹痛表现。病牛食欲、反刍消失，不吃草，不反刍，拱背，空口虚嚼，有时出现呻吟。听诊瘤胃蠕动音减弱或消失，肠音微弱或沉寂。便秘，粪便干硬呈饼状，间或发生腹泻。若瘤胃压迫十二指肠可引起十二指肠假性阻塞而出现肠便秘症状。触诊瘤胃，病牛不安，内容物黏硬，用拳按压，遗留压痕。有的病牛瘤胃内容物坚硬如石。

晚期病例，病情急剧恶化，奶牛泌乳量减少或停止。肚腹膨隆，呼吸促迫而困难。心悸，脉搏快速，皮温不整，四肢、角根和耳冰凉，全身战栗，眼球下陷，黏膜发绀，衰弱，卧地不起，陷于昏迷状态。病牛可发生脱水与自体中毒，呈现循环虚脱。

【预防】　主要是草料不要切得太短；喂精料时要注意与草料拌匀，没分槽定位的牛喂精料应撒匀，不能让一头牛独占独食过多精料。

【治疗】　主要方法是泻下，可用硫酸钠（镁）溶液，也可用液状石蜡。对病情严重的牛进行补液，防止酸中毒。同时也可给予刺激瘤胃兴奋的药，如新斯的明、氨甲酰胆碱等。

54. 如何诊疗牛前胃弛缓？

牛前胃弛缓是指前胃神经肌肉感受性降低，收缩力减弱，瘤胃内容物迟滞所引起的一种消化不良综合征。按其病情发展过程，可分为急性和慢性两种类型。常因长期大量饲喂粗硬难消化的饲料，过食浓厚、劣质、发霉变质糟渣类饲料，运动不足，维生素、矿物质缺乏等原因所致；也可继发于其他疾病。

【症状】

（1）急性型　多呈现急性消化不良。精神委顿，神情不活泼，食欲减退或消失，反刍迟缓或停止，体温、呼吸、脉搏及全身机能状态无明显异常。

瘤胃收缩力减弱，蠕动次数减少或正常，瓣胃蠕动音低沉。奶牛泌乳量下降，时而嗳气，有酸臭味，便秘，粪便干硬、呈深褐色。瘤胃内容物充满，黏硬，或呈粥状；由变质饲料引起的，瘤胃收缩力消失，轻度或中度臌胀，腹泻；由应激反应引起的，瘤胃内容物黏硬，而无臌胀现象。

一般病例病情轻，容易康复。如果伴发前胃炎或酸中毒，病情急剧恶化，病牛呻吟，磨牙，食欲、反刍废绝，排出大量棕褐色糊状便，具有恶臭；精神高度沉郁，皮温不整，体温下降；鼻镜干燥，眼球下陷，黏膜发绀，出现脱水现象。

（2）慢性型　通常由继发性因素所引起，或由急性转变而来。多数病例食欲不定，有时正常，有时减退或消失。常常虚嚼、磨牙，发生异嗜，舔砖吃土，或摄食被尿粪污染的褥草、污物。反刍不规则、无力或停止。嗳气减少，嗳出气体带臭味。病情时好时坏，食草迟细，日渐消瘦，皮肤干燥，弹力减退，被毛逆立，干枯无光泽，体质衰弱。

瘤胃蠕动音减弱或消失，内容物停滞，排稀软或黏硬的粪便。

多数病例网胃与瓣胃蠕动音减弱或消失，瘤胃轻度臌胀。腹部听诊，肠蠕动音微弱或低沉。便秘，粪便干硬，呈暗褐色，附着黏液；腹泻，或腹泻与便秘互相交替，排出糊状粪便，散发腥臭味。潜血反应往往呈阳性。

病的后期，伴发瓣胃阻塞，精神沉郁，鼻镜龟裂，不愿移动，或卧地不起，食欲、反刍停止。瓣胃蠕动音消失，继发瘤胃臌胀。脉搏快速，呼吸困难。眼球下陷，结膜发绀。全身衰竭，病情危重。

【治疗】 为排出前胃内容物，可选用缓泻止酵剂，如硫酸钠、酒精、鱼石脂或豆油。为加强前胃蠕动，可灌服酒石酸锑钾（吐酒石）和番木鳖酊，同时配合瘤胃按摩和牵引运动。当呈现酸中毒症状时可静脉注射葡萄糖盐水、碳酸氢钠、安钠咖。

55. 如何诊疗牛瘤胃臌气？

牛瘤胃臌气俗称胀肚，原发性瘤胃臌气主要是因牛采食大量易发酵饲料导致大量气体产生，嗳气受阻，引起瘤胃急剧臌胀；继发性瘤胃臌气常继发于食道阻塞、瓣胃弛缓和阻塞、皱胃溃疡和扭转、创伤性网胃炎等。一般起病急，腹围迅速增大，左侧肷窝最明显，叩诊呈鼓音，听诊瘤胃蠕动音初期增强，后期转弱，甚至消失。

【症状】

（1）急性瘤胃臌气 通常在采食大量易发酵性饲料后迅速发病，甚至有的在采食中突然呆立，停止采食，食欲消失，临床症状急剧发展。

病初举止不安，神情忧郁，结膜充血，角膜周围血管扩张。回头望腹，腹围迅速膨大。瘤胃收缩先增强，后减弱或消失，肷窝凸出。腹壁紧张而有弹性，叩诊呈鼓音。

随着瘤胃扩张和臌胀，膈肌受压迫，呼吸迫促而用力，甚至头颈伸展、张口伸舌呼吸，呼吸增数至60次/分钟以上。心悸，脉搏快速，脉搏数可达100～120次/分钟以上。后期心力衰竭，脉搏微弱，病情危急。

泡沫性臌胀，常见泡沫状唾液从口腔中逆出或喷出。瘤胃穿刺时，只能断断续续地排出少量气体。瘤胃液随着瘤胃壁紧张收缩向上涌出，阻塞穿刺针孔，排气困难。

疾病后期，心力衰竭，血液循环障碍，静脉怒张，呼吸困难，黏膜发绀，奶牛乳房皮肤也变为暗蓝色，目光恐惧，出汗，间或肩背部皮下气肿，站立不稳，步态蹒跚，往往突然倒地、痉挛、抽搐，陷于窒息和心脏停搏状态。

原发性急性瘤胃臌气，病程急促，如不及时治疗，数小时内因窒息而死亡。病情轻的病例，治疗及时，可迅速痊愈，预后良好。但有的病例，经过治疗消胀后又复发，预后可疑。

(2) 慢性瘤胃臌气　多为继发性因素引起，病情弛张，瘤胃中度臌胀，常在采食或饮水后反复发生。通常为非泡沫性臌胀，穿刺排气后又臌胀起来，瘤胃收缩运动正常或减弱，穿刺针随同瘤胃收缩而转动。犊牛排出的气体，具有显著的酸臭味。病情发展缓慢，食欲、反刍减退，逐渐消瘦。生产性能降低，奶牛泌乳量显著减少。

病程可持续数周至数月。由于病因不同，预后不一。继发于前胃弛缓的，原病治愈，慢性臌胀也消失；继发于创伤性网胃腹膜炎的，腹腔脏器粘连；由肿瘤等病变而引起的，久治不愈，预后不良。

【诊断】　急性瘤胃臌气，病情急剧，根据采食大量易发酵性饲料的病史，腹部臌胀，左肷部凸出，血液循环障碍，呼吸极度困难，不难确诊。慢性臌胀，病情弛张，反复排出气体，随原发病而异，通过病因分析，也能确诊。

【治疗】 本病病情发展急剧，抢救病畜应及时。采取有效的紧急治疗措施，排气消胀，方能挽救病畜。因此治疗原则着重排除气体，防止酵解、理气消胀，强心补液、健胃消导，以利康复过程。

病初，使病畜头颈抬举，用草把适度按摩腹部，促进瘤胃内气体排除。同时使用松节油、鱼石脂、95%酒精或8%氧化镁溶液内服，具有消胀作用。

严重病例，当发生窒息危险时，首先用套管针进行瘤胃穿刺放气，防止窒息。非泡沫性臌气，放气后，宜用稀盐酸或鱼石脂、95%酒精、生石灰水注入瘤胃治疗。用0.25%普鲁卡因溶液、青霉素，效果更佳。

泡沫性臌气，以灭沫消胀为目的，宜用表面活性药物，如二甲硅油；或用消胀片（二甲硅油15毫克/片）内服，能迅速奏效。菜籽油、豆油、花生油、松节油、液体石蜡等，也具有消泡作用。

此外，可用2%～3%碳酸氢钠溶液，进行瘤胃洗涤，调节瘤胃内容物pH。为排除瘤胃内容物及其酵解物质，可用盐类或油类泻剂，或用毛果芸香碱、新斯的明皮下注射，兴奋副交感神经，促进瘤胃蠕动，有利于反刍和嗳气。

在治疗过程中，应注意全身机能状态，及时强心补液（参照瘤胃积食疗法），增进治疗效果。

当泡沫性臌气经药物治疗无效时，应进行瘤胃切开术，取出其中的内容物，按照外科手术要求处理，防止污染。手术方法见瘤胃切开术。在排出瘤胃气体或进行瘤胃手术后，用健康牛瘤胃液3～6升，并用青霉素或土霉素适量，灌入瘤胃内，提高防治效果。

病情轻的病例，使病牛立于斜坡上，保持前高后低姿势，不断牵引其舌，或用木棒涂煤酚皂溶液，给病牛衔在口内，同时按摩瘤胃，促进气体排除，也能奏效。

【预防】 本病的预防，着重加强饲养管理，增强前胃神经反应性，促进消化机能恢复。

（1）在放牧或改喂青绿饲料前1周，先饲喂青干草或作物秸秆，然后放牧或喂青饲料，以免饲料骤变发生过食。

（2）在放牧中应注意避免采食开花前的豆科植物；堆积发酵或被雨露浸湿的青草，要尽量少喂。

（3）气体产生与牧草含糖量有关，苜蓿、紫云英等豆科植物的含糖量下午比上午高，下午采食易发生急性臌气。

（4）幼嫩牧草采食后易发酵，应晒干后掺干草饲喂。饲喂量应有所限制。放牧牛应注意在茂盛牧区和贫瘠草场进行轮牧，避免过食。

（5）注意饲料保管，防止霉败变质，加喂精料应适当限制，特别是粉渣、酒糟、甘薯、马铃薯、胡萝卜等，更不宜突然多喂，饲喂后也不能立即饮水，以防发生本病。

（6）舍饲牛在开始放牧前一两天内，先给予聚氧化乙烯或聚氧化丙烯20～30克，加豆油少量，放在饮水内内服，然后再放牧，可以预防本病。

56. 如何诊治牛瓣胃秘结？

牛瓣胃秘结俗称"百叶干"，是指瓣胃内积聚大量干涸的内容物而引起的以瓣胃麻痹和食物停滞为特征的疾病。常呈慢性，在前胃疾病中发病率最低。一般原发性的少见，继发性的多见。因此，在奶牛临床上很少引起人们的重视。

【病因】 原发病因主要是长期饲喂细碎粉状坚实的饲料（如麸皮、糠皮）或坚韧而又纤维多的粗饲料（如苜蓿秆、豆秸等）；饲料中混有泥沙时发病更为严重。继发性的病因较多，如瓣胃炎、前胃积食、横膈与网胃粘连、皱胃变位或捻转、血孢子虫病、产后瘫痪等。

【症状】　精神沉郁，食欲和反刍次数减少或废绝，鼻镜干燥，嗳气增加，乳产量降低，有前胃弛缓和瘤胃积食、臌气症状。一发病排粪就减少，呈黏酱状、恶臭，后便秘；尿减少，呈深黄色，后期无尿。呼吸、体温和脉搏正常。在右侧第7～9肋间，肩关节水平线上听诊瓣胃，初期蠕动微弱，后完全停止。触诊瓣胃时病牛有痛感。

随着病程延长，眼结膜发绀，眼凹陷，四肢无力，全身肌肉震颤，卧地不起。当瓣胃小叶坏死时，体温升高，呼吸和脉搏增数，粪稀、带血，有臭味。当全身症状恶化时可迅速引起死亡。死后剖检，瓣胃坚硬，内容物干燥似干泥样，小叶坏死呈片层状脱落、溃疡。皱胃及肠道有不同程度的炎症；胆囊肿大，肝实质发生退行性变化。

【诊断】　奶牛由于饲养管理条件基本稳定，故临床发病较少。诊断时应注意前胃疾病的鉴别。

【治疗】

（1）灌服泻剂　用油类或盐类泻剂，如硫酸镁、石蜡油。如完全阻塞，通常药物治疗无效。为恢复瓣胃机能，可用5%～10%氯化钠液、安钠咖静脉注射。

（2）瓣胃注入法　牛瓣胃无分泌腺，不发生液化作用，因此食物不能自瓣胃排出。如将盐类泻剂直接注入瓣胃，可能收效。

方法：注射部位在右侧第10肋骨末端上方3～4指宽处。用10厘米长的针头，经肋骨间隙，方向略向后向下刺入瓣胃后，用注射器抽取胃内容物，如能抽到食物污染的液体时证明已刺入瓣胃内，然后向内注入25%硫酸镁。

（3）瓣胃冲洗术　可通过切开瘤胃和皱胃两个途径冲洗。

保定：切开瘤胃时，牛站立保定；切开皱胃时，牛横卧保定。

麻醉：切开瘤胃用腰旁麻醉；切开皱胃用腰荐间隙硬脊膜外腔麻醉。

术式：切开瘤胃时，掏取1/3瘤胃内容物，术者将直径约2cm的胶管通过瘤胃、网胃带入瓣胃后，灌注温水；切开皱胃时，将皱胃切口缝合在皮肤缘上，然后将管子通过皱胃带入瓣胃，用温水冲洗，直至瓣胃柔软、变小。

57. 如何诊疗犊牛消化不良？

消化不良症是消化机能障碍的统称，是哺乳期犊牛常见的一种胃肠疾病，其特征为不同程度的腹泻。该病对犊牛的生长发育危害极大，要及时弄清病因，并采取综合防治措施，方能奏效。

【病因】

（1）妊娠母牛营养不全　尤其是蛋白质、维生素、矿物质缺乏，可使母牛的营养代谢紊乱，影响胎儿正常发育，犊牛发育不良、体质衰弱，则抵抗力差，容易发病。

（2）犊牛饲养环境差　如温度过低、圈舍潮湿、缺乏阳光、闷热拥挤、通风不良等。

【症状】

（1）单纯性消化不良　犊牛精神不振，食欲减退或拒食，体温正常或稍低，不愿活动，多躺卧，进行性消瘦。开始时排粥样稀粪，以后排深黄或暗绿色水样粪便，粪便带酸臭味，混有泡沫、黏液或未消化的凝乳块或饲料碎片，尾根、肛周和后躯股部沾满污粪。肠蠕动增强，肠音高亢，腹痛，有轻微臌气。持续性腹泻使机体脱水后出现皮肤干燥，缺乏弹性，眼窝下陷，心跳加快，呼吸迫促。严重时站立不起，全身震颤，衰弱无力，如不及时治疗，可发展为中毒性消化不良，也极易继发支气管肺炎，病情更加恶化。

（2）中毒性消化不良　主要呈现重剧性腹泻，自体中毒和全身机能明显障碍，如病犊精神委顿，目光呆滞，食欲废绝，体温

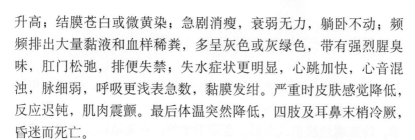

升高；结膜苍白或微黄染；急剧消瘦，衰弱无力，躺卧不动，频频排出大量黏液和血样稀粪，多呈灰色或灰绿色，带有强烈腥臭味，肛门松弛，排便失禁；失水症状更明显，心跳加快，心音混浊，脉细弱，呼吸更浅表急数，黏膜发绀。严重时皮肤感觉降低，反应迟钝，肌肉震颤。最后体温突然降低，四肢及耳鼻末梢冷厥，昏迷而死亡。

【治疗】 应采取食饵疗法、药物疗法和改善饲养管理、加强护理，以恢复各器官机能、提高机体抵抗力等综合措施。

首先应消除病因，改善卫生条件，加强犊牛的护理，犊牛舍冬季要保暖，清洁干燥，病犊应单独饲喂。

为缓解胃肠负担，可采取饥饿疗法，禁食8～12小时，期间可喂生理盐水，或饮适量微温的红茶水；为排除胃肠内容物，对腹泻不重的犊牛可用盐类和油类缓泻剂，也可同时用温水灌肠；腹泻缓解后，可给予稀释乳，每天少量多次饲喂，并喂给人工胃液（胃蛋白酶10克，稀盐酸5毫升，温水1 000毫升），适当添加B族维生素和维生素C，也可投服胃蛋白酶、淀粉酶、胰酶或其他促消化药；为防止肠道感染，对体温升高，有中毒性消化不良的，可选用抗生素和磺胺药；为防止肠内容物腐败发酵，可选用乳酸菌素等止酵剂；缓解腹泻不止可用鞣酸蛋白、次硝酸铋、硅酸银或颠茄酊；对脱水的犊牛，为恢复体液和水盐代谢，病初可饮用生理盐水；为提高机体抵抗力，可行输血疗法，犊牛每千克体重输血5毫升。

【预防】 可用亚硒酸钠防治以腹泻为主要特征的消化不良。加强饲养管理，改善卫生条件。给孕牛饲喂全价日粮，尤其在妊娠后期，增加蛋白质、矿物质及维生素营养。经常刷拭牛体，保持乳房清洁，保证足够的户外活动，避免应激。新生犊牛产后1小时内必须吃到初乳。哺乳期犊牛的饲喂，必须坚持"三定"原则，饲养用具勤洗刷，经常消毒。

58. 如何诊疗牛胃肠炎？

胃肠炎是指胃肠黏膜及其深层组织发生的炎症。主要因胃肠受到强烈有害的刺激所致，多因食入品质不良的草料，如霉变干草、冷冻腐烂块根或草料、变质玉米等；有毒植物、刺激性药物及误食农药污染的草料，可直接造成胃肠黏膜损伤，引起胃肠炎；因营养不良、过度劳役或长途运输造成机体抵抗力降低，胃肠道内的条件性致病菌（大肠杆菌、坏死杆菌等）可引起胃肠炎。此外，滥用抗生素也可造成胃肠菌群紊乱，引起二重感染。

【症状】 剧烈腹泻，粪便稀薄，常混有黏液、血液及脱落的坏死组织碎片等，有时混有脓汁，气味恶臭。病程延长时，出现里急后重等症状。此外，病牛精神沉郁，食欲废绝，饮欲增加，反刍停止，体温升高。

【治疗】 首先要消除病因，加强护理，禁食1～2天，喂给少量柔软易消化的饲料。病初排粪不通畅时，应清理胃肠，给予硫酸钠（镁）等缓泻药。当肠内容物已基本排空，粪的臭味不大而仍腹泻不止时，则要止泻，用0.1%高锰酸钾液内服，或用其他止泻药。消除炎症，可选用抗生素等。肠道出血可服用维生素K。此外，应根据情况进行补液和缓解酸中毒。

59. 如何防治牛感冒？

感冒是以上呼吸道黏膜炎症为主要表现的急性全身性疾病。早春晚秋季节气候多变时易发，多因受寒而引起，如寒夜露宿、久卧凉地、贼风侵袭、冷雨浇淋、风雪侵袭等。

【症状】 发病突然，精神沉郁，食欲减退或废绝，反刍减少或停止，鼻镜干燥，时常磨牙。体温升高，脉搏增数，呼吸加快。

结膜潮红，畏光流泪。咳嗽，流水样鼻液。肺泡呼吸音增强，有时可听到湿啰音。口色青白，舌质微红，舌苔薄。瘤胃蠕动音弱，粪便干燥。

【治疗】　让病牛充分休息，保证饮水，饲喂易消化的饲料，及时使用解热剂，一般可内服阿司匹林，或肌内注射安乃近、安痛定注射液。为防止继发感染，应配合使用抗生素或磺胺类药物。排粪迟滞者，应用缓泻剂。为恢复胃肠机能，可用健胃剂。

【预防】　主要是加强牛的耐寒锻炼，增强机体抵抗力；注意气候变化，御寒保温，防止受凉。

60. 如何处理牛鼻出血？

鼻出血是鼻腔及鼻腔附近组织血管破裂造成的。常见于粗暴的检查和插胃管；鼻及其周围组织发生挫伤、鞭伤、抵伤等；异物刺入鼻腔，引起鼻黏膜发炎与溃疡；过度使役或在强烈日光照射下劳役，由于血压异常升高，血管极度怒张而破裂；某些传染病、中毒病或血液病，也能引起鼻出血。另外，喉、肺、胃血管破裂，鼻骨骨折、患副鼻窦炎等，也可通过鼻道流出血液。

【症状】　单纯鼻黏膜损伤，血液新鲜，出血具持续性，血中无混杂物。副鼻窦出血，多有慢性出血病史，出血呈间断性，常混有脓汁或腐败物。肺出血，血液为鲜红色，内有多量小气泡，病牛咳嗽，肺听诊有啰音。胃出血，血液呈污褐色，内含食物。

【防治】

（1）治疗　使病牛安静，用凉水轻轻冲洗鼻部和头部。轻度的鼻出血通常可自行止血。用1%明矾溶液或0.1%肾上腺素浸湿纱布条填塞鼻孔。严重出血时，用0.1%肾上腺素，皮下注射；或5%氯化钙、安络血静脉注射。

（2）预防　加强管理，防止鼻黏膜发生机械性损伤，不要打击牛的头部；炎热季节不要过度使役，使役时间不要太长，使役后应将牛置于阴凉处，保证饮水。

61. 如何诊疗牛膀胱炎？

膀胱炎是指膀胱黏膜或黏膜下层的炎症。常因细菌感染所致，也可因邻近器官组织炎症蔓延而引起，还可由于长期不良刺激，如膀胱结石、导尿管刺伤等引起。

【症状】 牛患急性膀胱炎表现为尿频、尿痛，每次排尿量减少，多呈点滴状流出，疼痛不安。若膀胱颈部黏膜肿胀或括约肌痉挛，引起尿闭，无尿排出，患畜不安、呻吟，阴茎频频勃起，阴门频频开张。直肠检查或外部触诊，膀胱高度充盈，久则导致膀胱破裂，痛感突然解除，不久病情恶化。尿液检查，混浊，尿沉渣中可见大量白细胞、红细胞、膀胱上皮或脓细胞。全身症状通常不明显，当炎症蔓延到深部组织，则可出现发热。严重的出血性膀胱炎，可引起贫血。慢性膀胱炎，病程较长，症状较轻，无明显排尿困难。

【治疗】 原则是抗菌消炎、防腐消毒和对症治疗。灌洗膀胱，选用导尿管导出尿液，再经导尿管注入生理盐水灌洗，然后再用1%~3%硼酸溶液、0.1%高锰酸钾溶液、0.1%雷佛奴尔（利凡诺）反复灌洗2~3次。慢性的用0.02%~0.1%硝酸银溶液或0.01%~0.1%蛋白银溶液灌洗。尿路消毒，可用40%乌洛托品静脉注射；抗菌消炎用青霉素加生理盐水或0.5%普鲁卡因，混合注入膀胱。

62. 如何防治牛尿道炎？

尿道炎是指尿道黏膜发生的炎症。常见于导尿时导尿管消毒不彻底，无菌操作不严密，导致细菌感染；或导尿时操作粗暴，以及尿结石的机械刺激，致使尿道黏膜损伤而感染。也可由邻近器官的炎症蔓延而引起。

【症状】 病牛常呈排尿姿势，排尿时表现疼痛，尿液呈断续状流出。由于炎症的刺激，常反射性引起公牛阴茎频频勃起，母牛阴门不断开张。严重时可见黏液、脓性分泌物不断从尿道口流出。尿液混浊，常含有黏液、血液或脓液，有时混有坏死、脱落的尿道黏膜。触诊或尿道探查时，患牛疼痛不安。若时间较长，则可因尿道黏膜发生坏死、增生而导致尿道狭窄甚至阻塞，最终引起尿道破裂。

【预防】 为了防止尿道感染，导尿时导尿管要彻底消毒，操作时要严格按操作规程进行，防止尿道黏膜的损伤感染。要及时治疗泌尿和生殖系统疾病，以防炎症蔓延至尿道。

【治疗】 参见膀胱炎的治疗。

63. 如何防治牛创伤性网胃炎？

创伤性网胃炎又称创伤性网胃腹膜炎，是由于金属异物（针、钉、碎铁丝）混杂在饲料内，被采食吞咽落入网胃，导致急性或慢性前胃弛缓，瘤胃反复臌胀，消化不良。并因穿透网胃刺伤膈或腹膜，引起急性弥漫性或慢性局限性腹膜炎，或继发创伤性心包炎。

本病主要发生于舍饲的耕牛和奶牛。草原上的放牧牛群，距离城市和工矿区较远，很少发生。

【病因】 牛采食迅速，并不咀嚼，以唾液裹成食团，囫囵吞咽，又有舔食习惯，往往将随同饲料的金属异物吞咽进胃，导致本病的发生。因此，在饲养管理不当、饲料加工过于粗放、调理饲料不细心的情况下，很可能导致牛食入金属异物而发生本病。

通常所见，耕牛多因缺少饲养管理制度，随意舍饲和放牧，饲养人员不具备饲养管理常识，常将碎铁丝、铁钉、钢笔尖、回形针、大头钉、缝针、发卡、废弃的小剪刀、指甲剪、铅笔刀、碎铁片等，到处抛弃，混杂在饲草、饲料中，散在村前屋后、城郊路边，或工厂、作坊周围的垃圾与草丛中，因而都可能被耕牛采食或舔食吞咽下去，引发本病。

奶牛主要是由于饲料加工粗放，饲养粗心大意，对饲料中金属异物的检查和处理不细致引起发病。在饲草饲料中的金属异物，最常见的是饲料粉碎机和铡草机上的销钉，其他如碎铁丝、铁钉、缝针、别针、发卡、纽扣、图钉以及各种尖锐金属异物等，被采食后可引起发病。

青壮年耕牛或是高产奶牛，食欲旺盛，采食迅速，往往将上述金属异物吞咽进去，落入网胃底；金属异物间或进入瘤胃，又随同其内容物运转，进入网胃。于此情况下，随着腹内压急剧消长，促使金属异物刺损网胃。因此，通常在瘤胃积食或臌胀、重剧劳役、妊娠、分娩以及奔跑、跳沟、滑倒、手术保定等过程中，腹内压升高，从而导致本病发生。其中以针、钉、碎铁丝与其他尖锐异物以及玻璃片等危害性最大，不仅使网胃受到严重损伤，而且也会损害到邻近的组织和器官，引起急剧的病理伤害。

【病理变化】 本病的病理变化依金属异物的性状而异。一部分病例只引起创伤性网胃炎，特别是铁钉或销钉，可使胃壁深层组织损伤，局部增厚，发生化脓，形成瘘管或瘢痕。也有一部分病例，网胃与膈粘连，或胃壁局部结缔组织增生，其中埋藏铁钉或销钉，并形成干酪腔或脓腔。还有一部分病例，由于网胃壁穿孔，形成弥漫性或局限性腹膜炎，乃至胸膜炎，常有腹腔脏器互相粘连，或于膈、脾、肝、肺各部分发现一个或数个脓肿。心脏受损害时，心包中充满多量化脓腐败性或纤维蛋白性渗出液（图41）；也可能发生肺炎、肺脓肿、肺与胸膜粘连等病理变化。

【症状】 病牛采食时随同饲料吞咽下的金属异物，在未刺入胃壁前，不出现任何临床症状。当分娩阵痛、长途输送、犁田耙地、瘤胃积食以及其他致使腹腔内压增高的因素影响下，突然呈现临床症状。

图41 创伤性网胃心包炎，
心包积液

病初，一般多呈现前胃弛缓、食欲减退，有时异嗜，瘤胃收缩力减弱，反刍无力，不断嗳气，常常呈现间歇性瘤胃臌胀。肠蠕动音减弱，有时发生顽固性便秘，后期腹泻，粪有恶臭。奶牛的泌乳量减少。由于网胃疼痛，病牛有时突然骚动不安，或者不愿走动，前肢分开站立（图42）。病情逐渐增剧，久治不愈，并因网胃和腹膜或胸膜受到金属异物损伤，呈现各种异常临床症状。

（1）姿态异常 站立时，常采取前高后低的姿势，头颈伸展，两眼半闭，肘关节向外展，拱背，不愿移动。

（2）运动异常 牵拉病牛行走时，不愿上下坡、跨沟或急转弯；牵拉病牛在砖石或水泥路面上行走时止步不前。

图42 创伤性网胃心包炎，病牛不愿行走，前肢分开站立（陈怀涛）

（3）起卧异常 当卧地、起立时，因感疼痛，极为谨慎，肘部肌肉颤动，甚至呻吟和磨牙。

（4）叩诊异常 叩诊网胃区，即剑状软骨左后部腹壁，叩诊音呈鼓音，病牛感疼痛，呈现不安，呻吟退让，躲避或抵抗。

（5）反刍吞咽异常 有些病例，反刍缓慢，间或见到吃力地将网胃中食团逆呕到口腔，并且吞咽动作常有特殊表现，颜貌痛苦，吞咽时伸头缩颈、停顿，很不自然。

（6）敏感检查 用力压迫胸椎脊突和剑状软骨，或于鬐甲与网胃水平线上，双手将鬐甲皮肤捏成皱襞，病牛表现出敏感不安，并引起背部下凹现象，称为鬐甲反射阳性。

（7）疼痛试验 由于胸骨剑状软骨区的疼痛，因此用网胃叩诊法（用拳头叩击网胃）或剑状软骨区触诊法，可能获得阳性结果。最好用一根木棍通过剑状软骨区的腹底部猛然抬举，给网胃施加强大的压力，急性病例阳性反应明显。

（8）诱导反应 必要时，应用副交感神经兴奋剂皮下注射，促进前胃运动，病情随之增剧，表现疼痛不安状态。

（9）血象检查 白细胞总数增多，可达11 000～16 000个/微升。其中中性粒细胞增加45%～70%，淋巴细胞减少30%～45%，核型左移。结合病情分析，具有实际临床诊断意义。

（10）全身机能状态 体温、呼吸、脉搏在一般病例无明显变化，但在网胃穿孔后，最初几天体温可能升高至40℃以上，其后降至常温，转为慢性过程，眼神无力，消化不良，病情时而好转、时而恶化，逐渐消瘦。当金属异物穿透网胃、膈到达心包时，对心包造成创伤，胃腔内病原菌感染心包膜，致使心包膜的壁、脏层感染后出现炎症反应，急性阶段为浆液性、纤维素性，随后转为化脓腐败性渗出。大量渗出物积聚在心包腔内，使其内压增高，限制心脏舒张，致使静脉血回流受阻，心排血量减少，动脉压下降，形成全身性血液循环障碍，动物往往因心力衰竭及毒血症死亡，因此称为化脓性心包炎。

病情延误治疗或治疗不当，化脓性心包炎常常转为慢性缩窄性心包炎，其特征为：心包脏层与壁层上沉积着大量机化的纤维素，逐渐增厚，厚度达2～3厘米呈颗粒状或绒毛状纤维板，包裹心脏，限制心脏的舒张，静脉血回流受阻，心排血量减少，动脉供血减少，冠状循环供血不足。动物表现为行走缓慢，静脉怒张，中心静脉压升高至2 450～2 744帕，颌下及胸前水肿，病牛最终因心力衰竭而死亡。

由于金属异物穿刺网胃、刺损内脏和腹膜的部位不同，所导致的炎症变化也不同。有的金属异物穿透网胃后，向右侧经瓣胃并刺入右侧胸壁处，引起局部化脓感染和瓣胃瘘；有的金属异物刺入肝脏引起肝脏脓肿；有的刺入肠壁而引起局部的感染和肠穿孔等。一般而言，这些损伤常发生急性局限性腹膜炎，体温轻度升高，脉搏增数，姿态异常，食欲减少，当异物被结缔组织包埋后，症状可能消退；若伴发急性弥漫性腹膜炎时，全身症状明显，常因全身脓毒败血症，病情急剧发展和恶化。

【防治】 治疗本病一般采用对症疗法和手术疗法，前者效果不明显，后者较麻烦。近年来，山东省农业科学院畜牧兽医研究所研制的强力取铁器配合磁笼，对防治牛创伤性网胃炎有明显效果。

取铁器的特点是磁性强度大，吸出率高，可将网胃中含铁异物取出。当网胃铁物取不尽或暂时取不出时，可向网胃投送磁笼。磁笼在网胃内持久地起作用，在胃蠕动配合下，可使含铁异物慢慢被吸入笼内而起治疗作用。同时磁笼又能随时将吃进去的含铁异物吸入。因此，投放磁笼可用于大群的预防。

取铁器由钢丝导绳、塑料管和磁头组成。磁头借助导绳和塑料管，在牛空腹和饮水的情况下投入网胃。磁笼由磁棒和塑料间隔笼组成。在早上空腹时让牛多饮水，助手持鼻钳固定牛头，术者把塑料管插到咽部，投入磁笼后抬高牛头，同时迅速拔出塑料管，留在咽部的磁笼即被牛吞下。

64. 如何治疗牛皱胃积食？

皱胃积食亦称皱胃阻塞。主要由于迷走神经调节机能紊乱，皱胃内容物滞积、胃壁扩张、体积增大、形成阻塞，继发瓣胃秘结，引起消化机能极度障碍、瘤胃积液、自体中毒和脱水的严重病理过程，常常导致死亡。本病以体格强壮的成年牛较为多见。

【症状】　病初，前胃弛缓，食欲、反刍减退或消失，有的病例则喜饮水。瘤胃蠕动音减弱，瓣胃音低沉，肚腹无明显异常；尿量减少，粪便干燥，伴发便秘。

随着病情发展，病牛食欲废绝，反刍停止，肚腹显著增大，腹部臌胀或下垂（图43），瘤胃与瓣胃蠕动音消失，肠音微弱；常常呈排粪姿势，有时仅排出少量糊状、棕褐色带有大量黏液的粪便；尿量少而浓稠，呈黄色或深黄色，具有强烈的臭味。

由于瘤胃大量积液，冲击性触诊呈现波动。若用听诊器放置在左侧或右侧肷窝听诊，同时以手指轻轻叩诊，左侧倒数第一至第五肋骨弓，或右侧倒数第一二肋骨弓，即可听到钢管音。皱胃因阻塞后体积增大、硬度增加而下沉。若对阻塞的皱胃进行穿刺，穿刺针可感到有阻力，回抽注射器，则抽不出内容物。向皱胃内注入30～50毫升生理

图43　皱胃积食，病牛右侧下腹部明显增大、膨隆（曹光荣）

盐水后再回抽注射器可抽出内容物，皱胃内容物pH为1～4。

重剧的病例，视诊右侧中腹部向后下方局限性膨隆；以两手掌抵触右侧腹部肋骨弓的后下方皱胃区，进行冲击式触诊，可感触到皱胃体显著扩张的轮廓及坚硬度。

直肠内有少量粪便和成团的黏液，混有坏死黏膜组织。体型较小的黄牛，手伸入骨盆腔前缘右前方、瘤胃的右侧下腹区，能

摸到向后伸展扩张呈捏粉样硬度的部分皱胃体。体型较大的牛直肠检查不易触诊皱胃。

病牛精神沉郁，被毛逆立，污秽不洁，体温无变化，个别病例中后期体温上升至40℃左右。重剧病例，心脏衰竭，脉微欲绝，脉搏达每分钟100次以上。血液常规检查见血沉缓慢，中性粒细胞增多伴有核右移，但有少数病例白细胞总数减少，中性粒细胞数量减少。

病的末期，病牛精神极度抑郁，体质虚弱，皮肤弹力减退，鼻镜干燥，眼球下陷，结膜发绀，舌面皱缩，血液黏稠，呈现严重的脱水和自体中毒症状。

此外，犊牛的皱胃阻塞具有部分的消化不良综合征症状，由多量的坚韧乳凝块引起阻塞，持续腹泻，体质瘦弱，腹部臌胀而下垂，用拳冲击式触诊腹部，可听到一种类似流水的异常音响。即使通过皱胃手术除去阻塞物，仍然可能陷于长期的前胃弛缓状态。

【病程及预后】 本病急性的较为少见，通常为慢性病理发展过程。病程持续2～3周或更长。病情逐渐恶化，食欲、反刍完全消失，全身虚弱，常常左侧位卧地，不断呻吟，有时发出吭吭声。

继发于创伤性网胃腹膜炎的病牛，迷走神经受到严重损伤，反复发生瘤胃臌气，伴随皱胃和瓣胃的扩张、阻塞，以至麻痹；食欲完全废绝，显著消瘦。若不及时确诊，采取皱胃手术，取出阻塞的内容物，疏通胃肠道，则预后不良。

【诊断】 皱胃阻塞的临床病征，与前胃疾病、皱胃变位和肠阻塞的症状很相似，往往容易误诊。但皱胃阻塞病程发展到中后期，有其一定的特征，只需认真地进行瘤胃、网胃和肠道的检查，进行分析和论证后不难诊断。

【治疗】 应根据病情发展过程，着重消积化滞，防腐止酵，缓解幽门痉挛，促进皱胃内容物排除，防止脱水和自体中毒。严重病例，胃壁已经过度扩张和麻痹，必须采取手术疗法（见皱胃切开术）。

病初，皱胃运动机能尚未完全消失时，为了消积化滞、防腐止酵，可用硫酸钠、植物油、鱼石脂、95%酒精内服。但需注意，病的后期发生脱水时忌用泻剂。

为了改善中枢神经系统调节作用，促进胃肠机能，增强心脏活动，促进血液循环，防止脱水和自体中毒，可及时应用10%氯化钠溶液、20%安钠咖溶液静脉注射。当发生自体中毒时，可用撒乌安注射液静脉注射。发生脱水时，应根据脱水程度和性质进行输液，通常应用5%葡萄糖生理盐水、20%安钠咖溶液、40%乌洛托品溶液静脉注射。必要时，应用维生素C肌内注射。此外，可适当地应用抗生素或磺胺类药物，防止继发感染。

必须指出，由于皱胃阻塞多继发瓣胃秘结，药物治疗效果不好。因此，在确诊后，要及时施行瘤胃切开术，掏空瘤胃内容物，将胃管插入网瓣胃孔，通过胃管灌注温生理盐水，冲洗瓣胃和皱胃，达到疏通的目的。

65. 如何诊疗牛皱胃炎？

皱胃炎是皱胃黏膜发炎引起的一种比较严重的消化不良症。常见于老年牛和体质衰弱的成年牛。

【病因】

（1）饲料粗硬，调理不当，饲料霉败或质量不佳；奶牛长期饲喂糟粕、豆渣或粉渣，营养不足，缺乏蛋白质和维生素；饲喂不定时，时饱时饥，突然变换饲料，放牧突然转为舍饲；体质衰弱，长途运输，惊恐等均影响消化机能，导致皱胃炎的发生。

（2）中毒、前胃疾病、消化道疾病、代谢病、急性或慢性传染病等，均能促使皱胃炎的发生和发展。

【症状】

（1）急性病例 精神沉郁，垂头站立，眼睑半闭，无神无力。被毛污秽、蓬乱，鼻镜干燥，结膜潮红、黄染。口腔黏膜被覆黏稠唾液，口腔内散发出难闻的气味。食欲减退或消失，有时磨牙，瘤胃轻度臌气。瘤胃收缩力微弱，次数减少；触诊右腹部皱胃区，病牛有痛感。便秘，粪便干硬呈球状，表面被覆黏液。体温不高或降低。泌乳减少或停止。末期，病情急剧恶化，全身衰弱，精神极度沉郁，呈昏迷状态，甚至虚脱。

（2）慢性病例 病牛长期消化不良，异嗜。口腔内有黏稠唾液和黏液，舌苔白，散发干臭。粪便干硬呈球状。末期，体质虚弱，精神沉郁，有时呈昏迷状态。

【诊断】 根据消化不良，触诊皱胃区敏感，眼结膜与口腔黏膜黄染，便秘等症状，必要时参照血液学检查，可做出初步诊断。

【治疗】 治疗原则：清理胃肠，抑菌消炎，晚期应进行输液。

病初，可用硫酸镁或人工盐内服。拉稀粪以后，用磺胺脒、碳酸氢钠粉内服。病情严重时，及时用抗生素，同时还需用5%葡萄糖氯化钠注射液、20%安钠咖注射液、40%乌洛托品注射液静脉注射。

【预防】 加强饲养管理，饲料搭配要恰当、全面。禁止饲喂霉败或质量不佳的饲料。

66. 如何治疗牛皱胃溃疡？

皱胃溃疡是由于皱胃食糜的酸度增高，长期刺激皱胃，导致胃黏膜局部组织糜烂和坏死，或自体消化形成溃疡。多因伴发急性弥漫性腹膜炎而迅速死亡；呈现慢性消化不良时，无明显的临床症状。犊牛的皱胃溃疡多呈亚临床表现。本病多发于奶牛和肉牛，小牛发病率更高。主要由于饲料质量不良，管理不当引起或继发于一些其他疾病（如前胃病、口蹄疫、病毒性鼻气管炎等）。临床表现消化机能严重障碍，食欲减退，反刍停止；粪便含血，呈松馏油样。直肠检查，手臂上会黏附类似酱油色糊状物。有的出现贫血症状，呼吸急速，心率加快，脉搏细弱。继发胃穿孔时，具有腹膜炎症状，体温升高，腹壁紧张，可作为本病临床诊断的参考。治疗原则是镇静止痛，抗酸止酵，消炎止血。

【处方1】

（1）氧化镁80克，石蜡油1 500毫升，混合，一次胃管投服。

（2）磺胺二甲嘧啶40克，一次口服，每天2次，连用5天，首次量加倍。

（3）盐酸氯丙嗪注射液400毫克，止血敏20毫升，分别肌内注射，每天1次，连用5天。

【处方2】

（1）氧化镁80克，长效磺胺40克，石蜡油500毫升，混合，一次口服，每天1次，连用3～5天，长效磺胺首次量加倍。

（2）30%安乃近注射液25毫升，一次肌内注射。

（3）止血敏15毫升，一次肌内注射，每天1次，连用3～5天。

【处方3】

（1）氧化镁80克，一次口服。

（2）安溴注射液100毫升，一次静脉注射。

【处方4】 炒当归60克，赤芍80克，五灵脂60克，乌贼骨45克，蒲黄60克，香附60克，甘草40克，水煎，一次灌服。血虚加阿胶、枸杞，气虚加黄芪、白术，胃出血加白及。

【处方5】 乌贼骨90克，浙贝45克，香附子30克，木香24克，丁香24克，红花30克，桃仁30克，延胡索30克，白芍45克，共研末，开水冲调，候温灌服。

67. 如何诊疗牛皱胃左方变位？

皱胃的正常解剖学位置改变，称为皱胃变位，通常分为3种类型：①皱胃通过瘤胃下方移到左侧腹腔，置于瘤胃和左腹壁之间，称为左方变位；②皱胃向前方扭转（逆时针），置于网胃和膈肌之间，称为前方变位；③皱胃向后方扭转（顺时针），置于肝脏和右腹壁之间，称为后方变位。但大多数临床兽医习惯上将皱胃变位分为左方变位和右方变位两种类型，并且将左方变位称为皱胃变位，将右方变位称为皱胃扭转。

皱胃左方变位叙述如下。

【病因】 关于发病原因，目前有两种假说，一种认为由于皱胃弛缓所致，另一种认为由于皱胃机械性转移所致。

两种假说都有各自的理论依据，并且在临床上也确实能证明具有发病意义，然而绝不应过度强调一面而忽视另一面，但弛缓这一原因始终是主要的。引起弛缓的原因很多，最常见的是饲喂大量谷类日粮造成不饱和脂肪酸的蓄积，不饱和脂肪酸氢化不全，通过皱胃进入十二指肠，反射性地导致皱胃弛缓。

【症状】 本病较多发生于高产母牛，大多数发生在分娩之后，少数发生在产前三个月至分娩之间。本病起初表现出病牛食欲减退，个别病牛伴有严重腹痛和腹部臌胀。食欲逐渐地和间断地变化，可能拒食各类饲料，或是逐日呈波动性地采食一些谷物类饲料。有些母牛虽然有饥饿表现，但只采食几口就退回不食，青贮料的采食往往减少，大多数对粗饲料仍保留一些食欲。产乳量伴随采食量的变化而呈现波动性，可减少1/3～1/2，但极少会急剧下降。通常粪便量减少，呈糊状（图44），深绿色，往往出现腹泻；腹泻时伴有正常的肠蠕动，或腹泻与便秘交替，但便秘极少持续24小时。在粪中很少见到潜血或明显的血液。大多数病例最终产乳量明显下降，瘦弱，腹围缩小。个别病例，产乳量还能维持正常水平。

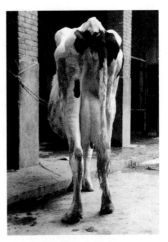

图44 皱胃左方变位，左侧下腹部明显膨大，排糊状粪便（赵宝玉）

仔细检查病牛颈部皮肤、乳汁或呼吸气息，可发现酮体气味。取尿样检查，可发现中度至重度酮尿。大多数病例，外表正常或轻度沉郁，有些病例可发现存在脱水现象。但另一些病例，由于产后体况良好，故在发病后也不致严重消瘦，在左腹壁最后三个肋弓区与右侧相对部位比较，往往呈现明显膨大，但左侧腰旁窝下陷，这是由于皱胃插入瘤胃与腹壁之间所致，同时右侧腰旁窝也明显下陷，这是由于皱胃已移到左腹的缘故。

大多数病牛若无并发症，其体温、呼吸、脉搏数基本正常，虽然瘤胃蠕动受抑制，但内容物极少完全积滞。由于瘤胃与腹壁之间被皱胃所隔绝，瘤胃蠕动音受抑制，或完全听不到。瘤胃每蠕动一次而引起皱胃产生一次相应的疼痛，这时病牛做出相应的踏步动作。又由于皱胃蠕动在时间上与瘤胃不同，因此可在左侧中部第11肋间听诊，能发现与瘤胃蠕动时间不一致的皱胃音。通常腹部没有明显疼痛，强力的叩诊也不会引起疼痛，除非存在并发症。病程延长到几周者，则瘤胃变小，对体型较小的牛，直肠检查时能在瘤胃左方摸到皱胃，个别病例瘤胃呈现慢性臌气。

【诊断】 早期诊断比较困难，因为呈现急性腹痛和拒食者总是极少数，且胃肠仍保留蠕动。确诊需进行左腹中部最后几个肋间的听诊（皱胃蠕动音）及叩诊（含气皱胃呈钢管音）。若在左侧倒数第2～3肋间处，一边叩诊一边听诊，听到叩诊音为典型的钢管音，可诊断为皱胃左侧变位。用听诊与叩诊相结合的方法，可一直叩打至左腹肋部，判断有无从皱胃音过渡到瘤胃音。必要时可做该区穿刺检查，若胃液呈酸性反应（pH1～4），棕褐色，缺乏纤毛虫等，可证明为皱胃变位。此外，尿中酮体呈显著阳性反应，以及直肠检查发现瘤胃背囊明显右移，而背囊的外侧部压力降低，亦可作为诊断的参考。然而，有时在诊断时必须与原发性酮病和创伤性网胃炎相区别。原发性酮病有其饲料原因，用葡萄糖治疗能立即见到良好效果。创伤性网胃炎在站立或运动时，可表现特殊姿势，胸壁疼痛和白细胞总数及分类检查有诊断意义。

【治疗】 有两种方法用于治疗，即滚转法和手术疗法。前者疗效不确实，运用巧妙时可以痊愈。其方法是先使母牛呈左侧横卧姿势，后再转成仰卧式（背部着地，四蹄朝天），随后以背部为轴心，先向左滚转45°，回到正中，再向右滚转45°，再回到正中（共90°的摆幅）。如此来回地左右摇晃约3分钟，突然停止在右侧横卧姿势，再转成俯卧式（胸部着地），最后使之站立，检查复位情况。如尚未复位，可重复进行。应用此法时，事先使病牛饥饿数日，并限制饮水。

对于变位已久，特别是皱胃已和腹壁或瘤胃发生粘连时，必须采取手术疗法。采取左侧腹壁切开，皱胃进行放气、排液、减压、整复，并与右侧腹壁做皱胃固定术。

术后4～6天内，纠正脱水和代谢性碱中毒；使用抗生素和氢化可的松控制炎症的发展；使用兴奋胃肠蠕动药恢复胃肠蠕动；可适当应用缓泻剂，以清除胃肠内滞留的腐败内容物。只要精心护理其手术治愈率很高。

68. 如何诊疗牛肠便秘？

肠便秘主要是由于肠道运动和分泌机能降低引起肠迟缓，导致粪便积滞。牛的肠便秘与饲养管理和劳役不当有关。

十二指肠便秘以髂弯曲与乙状弯曲多发，第三段发生较少。便秘点如小鸡蛋大小，阻塞物多为纤维球、毛球或粪球。阻塞部前方肠管高度臌气、积液。

空肠便秘偶有发生，阻塞物多为粪球、纤维球或毛球。在回肠进入盲肠的回盲口处，有时发生套叠。

结肠便秘多位于结肠旋祥的中曲部，其次为结肠祥末端，便秘点由鸭蛋到鹅蛋大小，多为粪性阻塞。

盲肠便秘常在盲结口，盲肠体积增大，且盲肠尖下垂而进入盆腔内。

由于肠弛缓是肠便秘的基础，因此病牛同时伴有肠弛缓表现。

本病一般见于成年牛，并以老年牛发病率较高。

【病因】 牛肠便秘通常因为饲喂甘薯藤、豆秸、花生秸、棉秆和稻草等粗纤维饲料所致。由于这些富含纤维素的粗饲料最先导致肠道的兴奋刺激，随后引起肠运动和分泌减退，最终引起肠弛缓和肠积粪。特别在连续饲喂粗纤维饲料而又重度劳役和缺乏饮水时，更能助长便秘的发生。乳牛肠便秘虽不常见，若长期饲喂大量浓质饲料而使肠道负担过重时，在原先伴有肠弛缓的基础上，就可能发展为肠便秘。新生犊牛也可因分娩前的胎粪积聚，以致在出生后发现肠便秘。腹部肿瘤、某些腺体增大、肝脏疾病导致胆汁排除减少等，亦可导致肠便秘。母牛临近分娩时，因直肠麻痹，容易导致直肠便秘。

【症状】 病初腹痛轻微，但呈持续性；病牛两后肢交替踏地，呈蹲伏姿势；或后肢踢腹；拱背，努责，呈排粪姿势。腹痛加剧以后，常卧地不起。病程延长以后，腹痛减轻或消失，卧地和厌食，反刍停止。鼻镜干燥，结膜呈污秽的灰红色或黄色。口腔干臭，有灰白或淡黄色舌苔。通常不见排粪，频频努责时，仅排出一些胶冻样团块。直肠检查，肛门紧缩，直肠内空虚，有时在直肠壁上附着少量干燥的粪屑。耕牛便秘大多数发生于结肠，因此直肠检查需注意结肠袢的状态。有些病例，在便秘部位的前方胃肠积液积气，应注意对积液积气肠段后方的肠段检查。

病的后期，病牛眼球下陷，可视黏膜干燥，皮肤弹性下降，目光无神，腹围增大，鼻镜干裂，机体抵抗力很差，卧地后起立困难，心脏衰弱，心律不齐，脉搏快而弱。对右腹部进行冲击式触诊有明显振水音。用叩诊器对右腹部肠臌气积液肠段叩诊，可出现明显的金属音。病程一般6～12天，若不治疗大多以脱水和虚脱而死亡。

【诊断】 根据病牛的临床表现，再结合病史及直肠检查结果，进行综合分析可以确诊。但需与瘤胃积食、皱胃阻塞、瓣胃梗塞进行鉴别诊断。

【治疗】 早期可以应用镇痛剂，随后进行通便、补液和强心治疗。

通便治疗是在补液的基础上灌服硫酸镁或硫酸钠，皮下注射小剂量新斯的明。这种疗法必须在确诊便秘的基础上才可进行。结肠便秘还可采用温肥皂水深部灌肠。对顽固性便秘，可试行在瓣胃注入液状石蜡。

实践证明，用药物治疗一般疗效较差，特别是在投入大量盐类或油类泻剂后，可进一步增加胃肠内渗透压，使腹围进一步扩大，加重脱水。也有个别的病牛经投服泻剂后排出便秘块，但随之继发严重的肠炎而加重脱水导致中毒而死亡。

在临床实践中，若经直肠检查发现了便秘点后，也可在直肠内破结。值得重视的是牛的肠壁较薄，在破结时应考虑肠壁有无破裂的可能，只要谨慎仔细操作，大多数可获得良好的效果。但直肠内检查发现便秘肠段的概率较低，凡是经直肠检查无法找到便秘点的病例，应采取果断措施，进行手术治疗。

69. 如何治疗牛皱胃右方变位？

皱胃右方变位即皱胃顺时针扭转。变位的特征是皱胃转到瓣胃的后上方位置上，从而置于肝脏和腹壁之间，呈现亚急性扩张、积液、臌胀、腹痛、碱中毒和脱水等幽门阻塞综合征。

【病因】 发病原因与皱胃左方变位相同。

【发病机制】 急性扭转通常呈180°～270°，在瓣胃和皱胃孔附近以垂直平面旋转，从右侧看来是顺时针方向，并导致幽门完全阻塞。亚急性扭转时，有少量内容物可以通过幽门部。

也可向右前方呈逆时针方向扭转到瓣胃前上方，皱胃位于网胃与膈之间。

【症状】 急性病例，突然发生腹痛，蹶踢腹部，背下沉，呈蹲伏姿势。心跳增至100～120次/分钟，体温偏低或正常。瘤胃蠕动缺乏，粪便可呈黑色，混有血液。通常粪量中等，但也可大量腹泻。由于皱胃充满气体和液体，右腹（皱胃）和左腹（瘤胃）臌胀，做冲击性触诊和震摇，可听到一种液体振荡音。通常在发病3～4天，右侧腹部呈明显的臌胀，将听诊器紧密地压在右侧腰旁窝内，并同时在腰旁窝至前方最后两肋上叩诊，能听到一种高调的乒乓音或钢管音。直肠检查，由于扩张的皱胃可伸到最后肋弓之外，能在右侧腹部触摸到臌胀而紧张的皱胃，而皱胃将肝脏向腹正中线推移。轻度扭转或伴有扩张，都可出现酮尿，尿量减少，尿色深黄，严重的病例还常伴有重度脱水、碱中毒和休克。轻度扭转时，病程可达10～14天，但严重扭转而呈急性者，病程较短，可在2～3天内死亡。有时由于皱胃高度扩张，以致发生大网膜撕裂及皱胃破裂而突然死亡。

【诊断】 皱胃右方变位由于幽门阻塞而引起皱胃臌气和积液，因此右侧最后肋弓及肋弓后方明显臌胀，通过右侧腰旁窝的听诊、叩诊、冲击式触诊和震摇，可以证实皱胃呈顺时针方向扭转。也可通过直肠检查，摸到扩张而后移的皱胃。若有怀疑，还可进行穿刺术，按皱胃液的特征核对诊断。但需与皱胃阻塞、皱胃左方变位、原发性酮病、胎儿水肿、盲肠扭转等区别。

【治疗】 采用手术疗法，主要方法是给皱胃排气排液，然后进行整复，并做腹壁皱胃固定术。术后护理同皱胃左方变位。

70. 如何诊疗牛肠套叠？

牛肠套叠是指牛的一段肠管伴同肠系膜套入邻近的肠管中，导致局部血液循环障碍、淤血，肠管粘连、狭窄和坏死的一种疾病。若不及时治疗，则患牛在数天内死亡。牛的肠套叠多见于空、回肠交界部。

【病因】

（1）多发于犊牛，多由于母乳浓稠或变质，犊牛大口吃乳而引起消化不良。

（2）食入冰冻饲料。

（3）成年牛或犊牛有严重腹泻而肠蠕动过强。

【症状】 一般突然不安、踢腹、不断起卧、伸腰并后肢下蹲。若肠管淤血、坏死时，则因局部麻痹而腹痛减轻，不安停止，但病牛精神委顿、虚弱；当发生肠炎及肠坏死时，体温升高；若后部小肠套叠，则不久排粪会停止，直肠中常有少量松馏油状粪便或浓稠黏液。直肠检查，有时可触及一段似香肠的块状物（即套叠处），有时不一定能触及病灶，但可感到部分肠管空虚，部分肠管臌气（肠变位扭转时也如此）。

【治疗】

（1）加强饲养管理。

（2）轻度套叠者可通过深部灌肠及加强运动而自行消失。

（3）大部分均不太可能自愈，通常需进行手术切除套叠部，再行肠管吻合术。

71. 如何诊疗牛肠扭转？

肠扭转是某一段肠管本身伴同肠系膜沿肠纵轴呈索状扭转的一种疾病，常造成肠管闭塞不通。

【病因】

（1）动物体位突然改变（如跌滑、爬跨等）。

（2）局部肠管弛缓及麻痹。

【症状】 病牛出现腹痛不安，后肢踢腹，背下沉，反复起卧，头频频回顾腹部，走路小心，肩部和前腹肌肉抖动。初期频频排粪，后期停止。直肠检查有时可触及扭转部，其扭转部前段常因肠管含大量液体及气体呈明显臌胀，而其后段细软而空虚。但扭转、套叠、皱胃扩张难以辨别，可行剖腹探查及手术治疗。

【治疗】

（1）腹痛发作时，肌内注射30%安乃近。

（2）尽早确诊并立即进行手术治疗，以纠正扭转。若局部淤血、坏死严重，则进行肠切除术。

72. 如何治疗牛腹泻？

因气候突变、饲养失宜，或天气炎热，劳役过度，过饮冷水、过食冰冻饲料，或草料霉败不洁，或患寄生虫病、中毒病，均可引起腹泻（图45、图46）。

（1）霉菌性腹泻 给牛饲喂发霉饲料极易引起霉菌性胃肠炎。病牛精神萎靡，食欲减退，反刍减少甚至停止，持续腹泻，粪便恶臭，混有泡沫、黏液和血液，但体温不升高，使用各种抗菌药

图45　牛腹泻

图46　牛腹泻导致精神沉郁

物治疗无效。

治疗可灌服0.9%食盐水，同时供给新鲜青绿多汁饲料。病重者需静脉注射5%葡萄糖氯化钠注射液、维生素C。

（2）中毒性腹泻　给牛饲喂过酸的青贮料、酒糟，易引起瘤胃酸中毒。病牛精神沉郁，结膜呈淡红色，食欲减退甚至废绝，目光呆滞，步态蹒跚，后肢踢腹。严重者卧地不起，磨牙呻吟，肌肉颤抖，呈昏迷以至虚脱状。初期排灰色稀粪，继而转为绿色泡沫状水泻，如不及时治疗最后便血死亡。

治疗可灌服石灰水（石灰50～100克，加水1 000～1 500毫升，充分搅拌静置沉淀5～10分钟，取上层清液）。重症者需静脉注射10%葡萄糖酸钙注射液。

（3）不洁性腹泻　牛由于采食污物、污水，极易引起细菌性胃肠炎。病牛精神沉郁，体温升高，食欲、反刍减少甚至废绝，持续腹泻，初期排粪如喷射状，后期排粪乏力，粪中混有泡沫、黏液和血液。

治疗可用大蒜捣碎后加适量水灌服；病情严重时肌内注射氟苯尼考，配合内服磺胺嘧啶。

（4）草食性腹泻　牛采食过多的刚萌芽的嫩草或青料，导致胃肠功能失调而引起腹泻，粪便稀薄呈青绿色，病牛精神、食欲良好，体温正常。

轻者只需饲喂适量干草或稻草，控制嫩草和青料的采食量，即可康复。重者可取生姜，捣碎炒熟后加白酒灌服。

(5) 过劳性腹泻　耕牛过冬后体质消瘦，开春后突然负重役，则筋骨和脏腑均易受伤。表现为整日卧地，疲惫乏力，食欲减少或废绝，长期持续腹泻，粪中混有泡沫、黏液和血液，但体温不升高。

治疗可取苏木，水煎候温，加入切碎的鲜铁树叶，灌服。

73. 如何诊疗牛支气管肺炎？

支气管肺炎也叫小叶性肺炎，是支气管和肺小叶群同时发生的炎症。

【病因】

(1) 受寒感冒、饲养管理不善、过劳等使机体抵抗力降低，容易受到病菌的侵害。

(2) 常继发于支气管炎。

(3) 吸入尘埃、霉菌孢子和刺激性气体如浓烟、氨气、硫化氢等。

(4) 继发于许多传染病和寄生虫病，如流行热、肺结核、口蹄疫、肺丝虫病、蛔虫病等。

【症状】　病初呈支气管炎症状，但其全身症状重剧。病牛精神沉郁，食欲减退或废绝，结膜潮红或发绀。体温升高达39.5～41℃，弛张热型。脉搏增数，呼吸加快，40～60次/分，混合性呼吸困难。胸部听诊，病灶部肺泡呼吸音减弱或消失，可听到捻发音、支气管呼吸音、干啰音或湿啰音；健康部位肺泡呼吸音增强。胸部叩诊可出现小片浊音区，通常多在肩前叩诊区出现。

【防治】　治疗原则是消炎、制止渗出、祛痰止咳、促进渗出

物吸收，加强饲养管理，增强牛机体抵抗力及对症治疗。

（1）青霉素肌内注射。病重者可用青霉素加复方氯化钠或5%葡萄糖生理盐水静脉滴注。也可用链霉素肌内注射。

（2）葡萄糖氯化钠注射液、10%磺胺嘧啶注射液混合后静脉注射。

（3）呼吸困难时，用0.3%过氧化氢生理盐水静脉注射。

（4）防止肺水肿、毒血症及代谢性酸中毒，适时静脉注射利尿合剂，成分：10%葡萄糖、3%氨茶碱、20%安钠咖、10%维生素C、5%盐酸普鲁卡因、氢化可的松。

（5）可用中药麻杏石甘汤治疗。

第四章
牛的常见外科病

74. 如何修补牛豁鼻？

豁鼻是由于穿鼻位置选择不当、钝性磨损、切割、撕裂、感染等所引起的鼻缺损。本病主要发生在青壮年牛、役用牛，尤其是性情执拗的水牛。

（1）手术准备　手术器械主要包括手术刀、缝合针（大号圆形和三角形针）、缝合线（或尼龙线）、持针钳、止血钳、镊子、针头等。使用前手术用器械、物品和手术者双手，在75%酒精消毒桶中进行浸泡消毒。

（2）手术操作

①保定：仰卧保定，四肢绑在一起悬空，使牛不能着地用力，将牛头向上、两角朝下贴地固定。

②手术：患部用清水冲洗干净，干后用碘酊和75%酒精消毒。用手术刀将豁鼻上鼻由内向外斜形削平，再将豁鼻下鼻由外向内斜形削平，切削角度要合适，使上下鼻紧密平整合拢。然后先在上下鼻中间缝第一针，再在左右两边分别作结节缝合，每针用力拉紧。缝合完后将患部用75%酒精擦干净，再贴上止痛膏，接着

在止痛膏四角缝合固定。使用止痛膏的目的一是其有黏性，可防止牛舔脱；二是可防止蝇蚊叮咬而引起感染发炎。

（3）术后护理 手术后肌内注射广谱抗菌药物，如青霉素、链霉素。牛舍内保持干净、干燥、通风，一般术后7～9天拆除止痛膏和缝线，再用75%酒精药棉消毒。拆线后1周即可重新给牛装鼻环。

75. 常用于牛的穿刺术有哪些？

牛常见的穿刺术有以下几类：

（1）腹腔穿刺术 用于诊断胃肠破裂、内脏出血、肠变位、膀胱破裂；进行穿刺液检查，判断是渗出液还是漏出液；经穿刺放出腹水或向腹腔内注入药液，治疗某些疾病。

①穿刺部位：牛在右侧膝关节与最后肋骨水平连线的中点处。

②方法：穿刺部位剪毛、消毒，用14～20号针头垂直皮肤刺入，当针透过皮肤后，应慢慢向腹腔内推进针头，当阻力骤然减退时，说明针已刺入腹腔，腹水经针头流出。诊断性穿刺，当腹水流出后立即用注射器抽吸。如果用于放出腹水，可使用针体上有2～3个侧孔的针头穿刺，可防止大网膜堵塞针孔。术毕，拔下针头，用碘酊消毒术部。

（2）瘤胃穿刺术 用于治疗急性瘤胃臌气和向瘤胃内注入药液。

①穿刺部位：左侧肷窝部，即左侧髋结节与最后肋骨水平连线的中点，距腰椎横突10～12厘米处。严重的瘤胃臌气可在肷窝臌胀明显处进行穿刺。

②方法：穿刺部剪毛消毒，用手术刀在皮肤上作一长0.5厘米的小切口，然后将穿刺针经小切口向右侧肘头方向迅速刺入10～12厘米，固定针头，气体可经针头排出，直至将瘤胃内过多

气体排净。为防止复发，可向瘤胃内注入5%克辽林或15%～20%鱼石脂酒精。穿刺过程中如果穿刺针发生阻塞，可用套管针芯插入疏通。穿刺完毕，拔针时紧压穿刺处皮肤，迅速拔针。间隔一定时间需第二次穿刺时，不可重复使用第一次穿刺孔。

（3）瓣胃穿刺术　用于牛瓣胃秘结（百叶干）时的注药治疗。

①穿刺部位：在右侧第9～11肋骨前缘与肩端水平线交点的上方或下方2厘米范围内，一般以第9肋间为好。

②方法：站立保定，术部剪毛消毒。用15～20厘米长的瓣胃穿刺针，与皮肤垂直并稍向前下方刺入10～12厘米（针头透过肋间后再向左侧肘头的方向刺入），刺入瓣胃后有硬、实的感觉。连接注射器，先注入30～50毫升生理盐水，并迅速回抽，如回抽的液体混浊并带有草渣，证明刺入正确，即可进行瓣胃内注射。注药完毕迅速拔针，术部用碘酊消毒。

（4）血肿、脓肿、淋巴外渗的穿刺诊断

①血肿的穿刺诊断：血肿是因皮下组织、肌肉组织内血管破裂而形成的，形成比较快，肿胀迅速增大，呈现明显的波动感或饱满有弹性，4～5天后，肿胀周围呈坚实感且有捻发音，中央有波动，局部增温。用无菌14～16号穿刺针于血肿肿胀最明显处刺入深部，针头内可流出血液，新发生的血肿可流出鲜红色新鲜血液；病程4～5天的，流出污黑色血液；陈旧性血肿仅能流出淡黄色的血清或抽不出液体。

②脓肿的穿刺诊断：穿刺之前对术部剪毛、消毒，用无菌14～16号注射针头，已成熟的脓肿于波动最明显处穿刺，深在性脓肿于皮肤最紧张、敏感处穿刺。当针头进入脓腔后即可流出脓汁，当脓汁过分黏稠时可能不能流出，此时应拔出穿刺针观察针孔内有无脓汁附着。脓肿尚未成熟时禁止穿刺，以防感染扩散。

③淋巴外渗的穿刺诊断：穿刺部位为淋巴外渗隆起最明显处。局部剪毛、消毒后，用无菌14～16号针头经皮肤刺入囊腔内，即

可从针孔内流出橙黄色稍透明液体，或混有少量的血液，穿刺液内有时混有纤维素块。穿刺完毕，拔下针头，消毒穿刺孔以防感染。

（5）膀胱穿刺术 对因尿道阻塞引起的急性尿潴留，经膀胱穿刺可暂时缓解膀胱的内压，防止内压过大而继发膀胱破裂。另外，膀胱穿刺还可以采集尿液进行检验。

①穿刺部位：在直肠内进行穿刺。

②方法：牛在六柱栏内站立保定。首先温水灌肠，排净直肠内蓄粪，用带针头的30～40厘米长胶管进行穿刺。术者右手持针头带入直肠内，用手感觉膀胱的轮廓，于膀胱体部进行穿刺，穿刺针经直肠壁、膀胱壁进入膀胱内，手在直肠内固定针头，以防针头随肠蠕动而脱出，连接针头的胶管在肛门外，即可见到尿液排出。穿刺完毕拔下针头，消毒术部。

（6）心包穿刺术 用于诊断创伤性心包炎，放出心包内渗出液和向心包内注入药物以控制心包内感染。

①穿刺部位：左侧第4肋间隙，胸外静脉上方，或肘头水平线与第4肋间隙交点处，局部剪毛、消毒。

②穿刺针及药品准备：采血针、手术刀、直径1.0～1.5毫米的聚乙烯塑料管，0.1%新洁尔灭、生理盐水、青霉素等。

③方法：牛在六柱栏内站立保定，左前肢向前方牵引外展，充分暴露肘头内侧心区。在穿刺术部用手术刀切一个长0.5厘米的小切口。穿刺针经皮肤小切口垂直刺入，经肋间肌、胸膜、心包壁而刺入心包腔内，针头一旦进入心包腔内，即可经针头向外排出心包液，采集心包液进行检验。若牛患创伤性心包炎，可在心包腔内留置引流管，其操作方法如下：固定针头，用聚乙烯塑料管经针头向心包腔内插入15～20厘米，此时腐败性心包液可经塑料管流出，术者用左手固定塑料管，右手拔出穿刺针头，塑料管即留置在心包腔内。心包腔长期引流和向心包腔内注入药物都可

经塑料管完成，这样减少了反复对心包进行穿刺的操作。

76. 什么是导尿法与子宫冲洗法？

（1）导尿法　　用于排空膀胱内积尿和采集尿样进行尿液检验的一种方法。

①母牛导尿法：导尿前清洗母牛外阴部，并用70%酒精棉球消毒阴门。导尿管有金属导尿管和医用乳胶导尿管两种。导尿管用75%酒精或0.1%新洁尔灭消毒后，外表涂灭菌石蜡油。导尿时右手持导尿管伸入母牛阴道内，导尿管前端与右手食指并齐，拇指和食指捏住导管，中指探查尿道外口。尿道外口位于阴道前庭的腹面，一个黏膜皱褶的稍前方凹陷处。中指探查到尿道外口后，拇指和食指将导管插入尿道外口内，并缓慢向里推送。遇到阻力，不可硬插，应将导尿管向后倒退一下或改变一下插入方向再尝试插入，一旦导尿管经尿道外口进入尿道后，就会比较容易地插入膀胱内，尿液也就随之流出来。

②公牛导尿法：根据公牛的种类和体型大小选择粗细合适的导尿管进行导尿。导尿前应对导尿管进行消毒，将公牛的阴茎从包皮口牵引出来，用0.1%新洁尔灭清洗，用75%酒精消毒尿道外口。导尿管端涂灭菌石蜡油或抗生素软膏后，经尿道外口插入尿道内。公牛阴茎有乙状弯曲部，故应将阴茎向外牵引使乙状弯曲部伸直，导尿管才能通过。待导尿管插入到尿道骨盆部时，助手用手在坐骨弓处隔皮肤向里按压导尿管端，术者顺势将导尿管向里推送入膀胱内，此时尿液就从导尿管内流出。

（2）子宫冲洗法　　用于治疗子宫内膜炎、子宫积脓、胎衣不下、胎衣腐败等疾病。

①器械与药品：冲洗子宫的器械有子宫冲洗器或普通橡皮管、塑料管；药品有0.05%～0.1%利凡诺溶液、0.1%碘溶液、0.05%～

0.1%高锰酸钾溶液、生理盐水、青霉素、链霉素等。

②冲洗方法：先清洗和消毒母牛的外阴部。术者右手持导管伸入母牛阴道内，触摸到子宫颈后，将导管经子宫颈口插入子宫内。导管另一端连接漏斗或注射器向子宫内灌注消毒药液，然后放低导管，用虹吸法导引出灌入的药液，如此反复几次灌入和吸出，可使子宫内的积脓、胎衣碎片等物质清洗干净。最后在子宫内灌入青霉素生理盐水溶液，不再放出，以控制和消除子宫的炎症。

77. 哪些疾病需要做瘤胃切开术，如何做？

（1）下列几种情况下需要做瘤胃切开术

①严重的瘤胃积食，经保守治疗无效。

②创伤性网胃炎或创伤性心包炎，通过瘤胃切开术取出异物。

③胸部食管梗塞且梗塞物接近贲门者，行瘤胃切开术取出食管梗塞物。

④瓣胃梗塞、皱胃积食，行瘤胃切开术后进行胃冲洗治疗。

⑤误食有毒饲料、饲草，且毒物尚在瘤胃中滞留，手术取出毒物并进行瘤胃冲洗。

⑥网瓣胃孔角质爪状乳头异常生长者，可经瘤胃切开术拔除。

⑦网胃内有结石或异物（如金属、玻璃、塑料布、塑料管等），可经瘤胃切开术取出结石或异物。

⑧瘤胃或网胃内积沙，通过瘤胃切开术排出积沙。

（2）手术方法

①术前准备：有严重瘤胃臌气者，通过胃管或穿刺放气以减轻瘤胃臌气；对伴有严重水、电解质平衡紊乱和代谢性酸中毒者，术前应给予纠正；对欲进行胃冲洗者，应准备瘤胃内双列弹性环橡胶排水袖筒、温盐水及导管等。

②麻醉：采用局部浸润麻醉或椎旁、腰旁神经传导麻醉。

③保定：一般采用站立保定，不能站立的动物，可进行右侧卧保定，但易发生胃内容物污染腹腔的情况。

④术部：根据手术目的选择在左肷部不同的部位。a.左肷部中切口是瘤胃积食的手术通路，一般体型的牛还可兼用于网胃探查、胃冲洗和右侧腹腔探查。b.左肷部前切口适用于体型较大病牛的网胃探查和瓣胃梗塞、皱胃积食的胃冲洗术。必要时可切除最后肋骨作为肷部前切口。c.左肷部后切口为瘤胃积食和右侧腹腔探查的手术通路。

⑤术式：按常规切开左肷部腹壁。然后固定和隔离瘤胃，方法有多种，根据情况选用。

A. 瘤胃浆膜肌层与皮肤切口创缘的连续缝合固定和隔离法：a.固定瘤胃。显露瘤胃后，用三角缝针带10号丝线做瘤胃浆膜肌层与皮肤切口创缘之间环绕一周的连续缝合，针距为1.5～2厘米，每缝一针都要拉紧缝合线，使瘤胃壁与皮肤创缘紧密贴附在一起，固定瘤胃壁的宽度为20～25厘米。缝毕，检查切口下角是否严密，必要时做补充缝合。b.预置牵引线。用三角缝针带10号丝线，在瘤胃预切开线两侧通过瘤胃壁全层各做3个水平纽扣缝合，缝针再在距同侧皮肤创缘10～12厘米的皮肤上缝合，暂不抽紧打结。在瘤胃切开线周围和牵引线下方用温生理盐水纱布垫隔离。c.瘤胃切开与黏膜外翻固定。瘤胃切口长度为15～20厘米。在切开线上先用手术刀切一小口，慢慢放出瘤胃内气体，改用手术剪扩大瘤胃切口。在切开瘤胃后，助手将切口创缘两侧的预置牵引线抽紧打结，使瘤胃黏膜外翻。d.放置防水洞巾。洞巾由边长70厘米的正方形防水材料（如橡胶布、油布、塑料布）制成。洞孔直径15厘米，洞孔弹性环是用弹性胶管或弹性钢丝缝于防水洞孔边缘制成的。应用时，将洞巾弹性环压成椭圆形后塞入胃腔内。将洞巾四角拉紧、展平，并用巾钳固定在隔离创巾上，然后准备掏取瘤胃内容物和进行胃腔探查。该方法隔离严密，对瘤胃切口和皮肤切口的机械性损伤较少。适用于大量瘤胃内容物取出和瘤胃冲洗的病例，并可用于侧卧保定的动物。

　　B. 瘤胃六针固定和舌钳夹持黏膜外翻法：a.瘤胃固定。显露瘤胃后，在切口上下角与周缘，用三角缝针带10号丝线，穿过皮肤创缘与瘤胃浆膜肌层做6针纽孔状缝合，打结前应在瘤胃与腹腔之间填入浸有温生理盐水的纱布，然后再抽紧缝合线，使瘤胃壁紧贴在腹壁切口上。固定胃壁后，在瘤胃壁和皮肤切口创缘之间，填以温生理盐水纱布，以保护胃壁和皮肤创缘。b.胃壁切开。先在瘤胃切开线的上1/3处切开胃壁，并立即用两把舌钳夹住胃壁的创缘，向上、向外拉起，防止胃内容物外溢。然后用手术剪扩大瘤胃切口，并用舌钳钳夹、牵拉胃壁创缘，将胃壁拉出腹壁切口并向外翻，随即用巾钳将舌钳柄夹住，固定在皮肤和创巾上，瘤胃切口套入橡胶洞巾。该方法操作简单，但需要有良好的保定与麻醉，动物较安静。适用于瘤胃内容物较少，或不需要取出胃内容物的网胃探查和异物取出的病例。

　　C. 瘤胃缝合胶布固定法：显露瘤胃后，用一中央带有长方形孔洞（6厘米×15厘米）的塑料布或橡胶洞巾，将瘤胃壁浆膜肌层与长方形孔的4个边连续缝合，使长方形孔边缘紧贴在瘤胃壁上，形成一个隔离区。于瘤胃壁和洞巾下填塞大块生理盐水纱布，将橡胶洞巾4个角展平固定在切口周围，在长方形孔中央切开瘤胃。本方法适用于胃壁向外牵拉有困难的病例，如严重的瘤胃积食，胃壁紧张而不易向外牵拉。

　　⑥处理病变及异常：切开瘤胃后即可对瘤胃、网胃、网瓣胃孔、瓣胃、皱胃、贲门等部位进行探查，并对各种类型的异常进行处理。

　　⑦胃壁缝合：用生理盐水冲净附着在瘤胃壁上的胃内容物和血凝块。拆除纽孔状缝合线，修整瘤胃壁创口边缘，在瘤胃壁创

口进行自下而上的全层连续缝合，缝合要求平整、严密，防止黏膜外翻或外露。用生理盐水再次冲洗胃壁浆膜上的血凝块，并用浸有青霉素、盐酸普鲁卡因溶液的纱布覆盖在已缝合的瘤胃创缘上，拆除瘤胃浆膜肌层与皮肤创缘的连续缝合线。与此同时，助手用灭菌纱布抓持瘤胃壁并向腹壁切口外牵引，以防当固定线拆除后瘤胃壁向腹腔内陷落。再次冲洗瘤胃壁浆膜上的血凝块，除去遗留的缝合线头及其他异物后，准备瘤胃壁的第二层缝合，此阶段由污染手术转入无菌手术。手术人员重新洗手消毒，更换无菌器械，对瘤胃进行连续伦勃特氏或库兴氏缝合。

⑧术后护理：术后禁食36～48小时以上，待瘤胃蠕动恢复、出现反刍后，开始给予少量优质的饲草。术后12小时即可进行缓慢的牵遛运动，以促进胃肠机能的恢复。术后不限饮水，对术后不能饮水者应根据动物脱水的性质进行静脉补液。术后4～5天内，每天全身使用抗生素，如青霉素、链霉素。术后还应注意观察原发病消除情况，有无手术并发症，并根据具体情况进行必要的治疗。

78. 如何给牛做皱胃切开术？

（1）保定与麻醉　左侧卧保定，两前肢和两后肢分别拴系固定在柱栏的立柱上，前肢的肩下和头部用草垫垫好，以减少其摩擦和压迫。用速眠新进行全身麻醉。术部进行局部浸润麻醉。

（2）切口定位　右侧肋弓下斜切口。

（3）手术方法　于术部切开皮肤显露腹黄筋膜，切开腹黄筋膜显露腹直肌，对手术切口上的血管进行贯穿结扎，对腹直肌进行钝性分离。显露腹横肌膜和腹膜，切开腹横肌膜和腹膜显露皱胃。将浸有生理盐水的灭菌纱布，填塞于腹壁切口和皱胃壁之间，以防切开皱胃后皱胃内容物污染创口。然后用灭菌塑料布或灭菌橡胶布在皱胃预定切开线的周围缝合固定，缝合时用弯圆针或直圆针仅穿过皱胃壁的浆膜肌层。展开橡胶布，用巾钳固定在隔离创巾上。

切开皱胃后，对皱胃口创缘的出血可用结扎法进行止血。用手指伸入切口区，掏出靠近皱胃切口内的积粪，然后再套入橡胶洞巾。手持胃导管伸入皱胃内，另一端连接漏斗向皱胃内灌入等渗温盐水，一边向内灌水，一边用手指松动皱胃内硬结的积粪。必要时术者手抓持导管端，进入胃腔内，对准皱胃的阻塞处冲洗，这样被冲散的皱胃内容物随水自皱胃切口处流出，直至将整个皱胃内容物全部冲净为止。

皱胃阻塞的病牛经常继发瓣胃梗塞，若不将瓣胃内容物除去，瓣胃则下垂压迫空虚的皱胃，可造成皱胃的压迫性阻塞。因此，凡有瓣胃阻塞的情况，在皱胃内容物冲洗排空的基础上，术者手持导管端经瓣皱胃孔进入瓣胃内，清除瓣胃叶片间隙中干固的胃内容物。冲洗时不要打通网瓣胃孔，否则瘤胃内大量液状内容物经瓣皱胃孔及皱胃切口向体外倾泻，病牛常可发生急性虚脱而预后不良。

（4）**胃壁缝合** 对已遭受机械性损伤的皱胃壁创缘作部分切除，是预防皱胃瘘后遗症的有效措施。

用7号丝线对胃壁先作一层连续康乃尔式全层缝合，然后拆除橡胶洞巾，除去填塞纱布，用生理盐水冲洗清洁胃壁，再进行连续伦勃特氏缝合。经缝合后皱胃壁可能会有轻度充血，但生命力良好。胃壁涂以抗菌药油膏，还纳腹腔内，常规缝合腹壁。

（5）**术后护理** 术后使用抗菌药4～6天。

为促进胃肠功能的恢复，可适当使用新斯的明注射液，还可灌服石蜡油，以润肠通便。给予健胃剂以促进食欲的恢复。皱胃疾病的恢复是一个缓慢的过程，只要坚持有效合理地用药，预后良好。

79. 如何给牛做肠断端吻合术？

首先切除坏死肠管。肠切除线应在病变部位两端5～10厘米的健康肠管上，近端肠管切除范围应更大些。展开肠系膜，在肠管切除范围上，对相应肠系膜做V形或扇形预定切除线，在预定切除线两侧，将肠系膜血管进行双重结扎，然后在结扎线之间切断血管与肠系膜。在预定切除肠管线两侧钳夹无损伤肠钳，距肠钳5厘米处切断肠管，断面应尽量多保留肠系膜侧肠壁，并注意结扎肠系膜侧三角区内出血点。

助手扶持并合拢两肠钳，使两断端对齐靠近，检查拟吻合的肠管有无扭转。首先在两断端肠系膜侧与对肠系膜侧距肠断缘0.5～1.0厘米处，用1～2号丝线穿过两肠壁浆膜肌层或全层作一25厘米长的牵引线，使两肠断端对齐便于缝合。

用直圆针在肠腔内对两肠断端的后壁由对肠系膜侧向肠系膜侧做连续全层缝合，连续缝合接近肠系膜侧向前壁折转处，将缝针自一侧肠腔黏膜向肠壁浆膜刺出，而后缝针从另侧肠管前壁浆膜刺入，复而又从同侧肠腔内黏膜穿出。自此，用康乃尔氏法缝合前壁，至对肠系膜侧与后壁连续缝合起始的线尾打结于肠腔内。

完成第一层缝合后，用生理盐水冲洗肠管，手术人员洗手消毒，转入无菌手术。第二层采用间断伦勃特氏法缝合前、后壁。肠系膜侧和对肠系膜侧两转折处，必要时可做补充缝合。撤去肠钳，检查吻合处是否符合要求，最后间断或连续缝合肠系膜游离缘。

80. 如何进行疝修补术？

疝是家畜常见的外科病，临床上较常见的有腹壁疝、脐疝和阴囊疝。

（1）疝的构成及分类　疝由疝轮（环）、疝囊、疝内容物构成。疝轮为体壁上的天然孔或病理性孔道。疝轮大小不一，陈旧性疝的疝轮多为增生的结缔组织，光滑而增厚。疝内容物为腹腔内的脏器，如胃、肠、肠系膜或网膜等。疝囊为包围疝内容物的囊壁，又分为两层，外层为皮肤，内层为肌纤维、结缔组织和腹膜，疝囊的大小由疝内容物的多少所决定。

根据疝内容物能否还纳入腹腔内，可将疝分为可复性疝、粘连性疝和嵌闭性疝。

（2）疝的手术适应证　新发生的或陈旧性的可复性疝，有逐渐增大趋势者，应尽早进行手术修补；粘连性疝已影响到胃肠蠕动而出现消化障碍时，或临床上已确定为嵌闭性疝，应立即进行手术。

（3）保定与麻醉　将患畜进行侧卧或后躯半仰卧保定，并将位于上方的后肢充分屈曲，以绳索栓于系部，然后向跟结上方呈"8"字形缠绕4~6次后，将绳栓于跖部中央，再利用另一根绳，将该肢向后外方固定。采用速眠新全身麻醉，术部配合局部浸润麻醉。

（4）手术方法

①术部准备：术部剃毛、清洗、消毒后，用创巾进行术部隔离。可复性疝在疝囊中央部位作一梭形皮肤切口。粘连性疝囊切口要大于疝轮。

②切口：按预定梭形切口，切开皮肤，沿切口两侧分离皮下结缔组织，直至疝轮周围，充分显露结缔组织囊。经充分止血后，在疝囊无粘连处作一皱襞，小心切开疝囊。

③检查：用手指自切口伸入囊内，探查有无粘连，然后用手术剪扩大疝囊切口，显露疝内容物和增生肥厚的疝轮，并决定缝合方法。疝轮的缝合是疝修补术的成败关键。陈旧性疝轮已纤维瘢痕化，组织肥厚而硬固，采用间断水平外翻纽扣缝合法，闭合疝轮。在此闭合的基础上，必须切除疝轮缘的增生纤维化瘢痕组

织，使疝轮形成新鲜创面，并在修整后的疝轮上作间断缝合。

④疝囊的修整与缝合：为加强疝轮缝合后的牢固性，可将一侧疝囊的纤维性结缔组织囊壁拉向疝轮的一侧，使其紧紧盖住已缝合的疝轮，并将囊壁缝在疝轮的外围。同法将另一侧的囊壁按相反的方向覆盖在疝轮外面，并将其缝在疝轮外围。也可将多余的结缔组织囊壁切除，然后对两侧创缘进行间断缝合。

⑤皮肤修整与缝合：切除多余的皮肤，进行间断缝合，消毒后打结系绷带。

(5) 术后护理与治疗　术后4～5天内，肌内注射青霉素、链霉素，以预防术部的感染。

81. 清创术操作有哪些步骤？

清除污染创面要由外向内，由浅入深，逐步进行，并使清除过的新鲜创面不再污染，这是清创术中预防感染的重要环节之一。

(1) 首先用浸有过氧化氢溶液的灭菌纱布块或脱脂棉覆盖创口，然后剪除创围被毛，范围是距创缘20～25厘米。用肥皂水清洗创缘周围皮肤，最后剃净被毛。用3%碘酒、75%酒精消毒，铺盖消毒巾，准备清创。

(2) 用大量盐水冲洗创口，并用纱布、棉球清除创内污染物。对皮肤的处理原则是：切除已坏死的创缘皮肤，但尽量保存有活力的部分，以免缝合时张力过大，并尽量使创缘对合整齐。边缘不整的创缘应尽量切修整齐。

坏死而不出血的皮下组织，都要切除干净，直到健康出血部为止。撕裂创要剥脱皮瓣上的皮下组织，要彻底切除。小而深的创伤，在切除创缘和皮下组织后，要沿创口的纵轴方向或被毛方向切开皮肤与皮下组织，扩大创口，以便进行深部组织清洗。

(3) 深筋膜的破碎和污染部分，必须全部切除，并按原皮肤切口方向切开筋膜，目的在于显露全部创腔，充分解除深层组织的张力。深筋膜切开是否充分，是清创术能否有效地解除深层组织张力的关键之一。因而，如果必要，可作深筋膜十字形或双十字形切口，使深筋膜彻底松弛。

（4）坏死的肌肉应切除。凡肌肉呈暗红色，用钳镊夹之无收缩，或用刀切割而不出血，都是已坏死的肌肉，应予切除，一直切至出血时为止。坏死肌肉切除不彻底，极易形成厌气菌（如气性坏疽、破伤风的病原）繁殖和发病的条件。如有碎骨片或异物，应尽量取出。

（5）血管、神经和肌腱的损伤，应根据具体情况分别处理。

（6）最后用灭菌生理盐水轻轻冲洗创腔，清除一切细小的异物、血凝块和组织碎片，彻底止血。清创后是否进行初期缝合，应根据病畜局部污染程度、伤后经过时间、清创彻底程度、术后护理条件等综合考虑确定。这些因素中只有时间因素较为恒定，其他因素都有较大幅度的变动。大体上在伤后8小时内得到清创处理，可作初期连续或间断缝合；8~24小时内得到清创处理，以定位缝合加引流或仅作引流，争取延期缝合较为合适；24小时清创的仅作引流，争取延期缝合。胸、腹壁透创，虽在24小时以上得到清创处理，术后仍应考虑初期缝合或定位缝合加引流。

（7）创腔内有神经、血管、肌腱、骨骼暴露时，即使不做初期缝合，也要用邻近肌瓣将这些组织覆盖，并作简单的定位缝合或8字形缝合，以防暴露特殊组织发生坏死或感染，造成不良后果。但绝不应缝合深筋膜，以防深部组织肿胀时其张力得不到解除，并影响引流。

（8）可做初期缝合的创口，如因皮肤缺损较多不能直接缝合，或勉强缝合后张力过大时，可在距原创口一侧或两侧5~6厘米处，作等长的减张切口，缝合原创口。减张切口可以根据情况直接缝合。不能作初期缝合的创口，用盐水纱布进行疏松的引流。引流物要深入到创腔深部各个死角，但不要起填塞作用。较长的创口可在两端缝合2～3针，使创口缩小，有利于创面的对合、愈合，并争取延期缝合。

（9）颈部与前后肢上部软组织中，深厚强大的肌群发生开放性创伤，若创腔深广，经清创后应在创腔的低位做反对口引流。方法是在创底用止血钳于两肌之间分离，直达创口附近欲作低位引流的反对口。切开欲作反对口的皮肤、皮下组织和深筋膜，使原创腔与反对口连通，将引流物由原创口引到反对口。此法既可减少血管、神经的损伤，又能获得良好的引流。

82. 如何诊治牛休克？

休克不是一种独立的疾病，而是神经、内分泌、循环、代谢等发生严重障碍时在临床上表现出的症候群。其中，以循环血液量锐减、微循环障碍为特征的急性循环障碍，是一种组织灌注不良，导致组织缺氧和器官损害的综合征。

在外科临床，休克多见于重剧的外伤和伴有广泛组织损伤的骨折、神经丛或大神经干受到异常刺激、大出血、大面积烧伤、不麻醉进行较大的手术、胸腹腔手术时粗暴的检查、过度牵张肠系膜等。所以，要求外科工作者对休克要有一个基本的认识，并能根据情况，有针对性地加以处理，抢救和保护家畜生命。

【症状】　牛在休克的初期，主要表现兴奋状态，这是机体调动各种防御力量的直接反应，也称为休克代偿期。表现兴奋不安，血压无变化或稍高，脉搏快而充实，呼吸增加，皮温降低，黏膜发绀，无意识地排尿、排粪。这个过程短则几秒钟即能消失，长者不超过1小时，所以在临床上往往被忽视。

继兴奋之后，牛出现典型症状，如精神沉郁、食欲废绝、反应微弱，或对痛觉、视觉、听觉的刺激全无反应；脉搏细而间歇，呼吸浅表不规则，肌肉张力极度下降，反射微弱或消失。此时黏膜苍白、四肢厥冷、瞳孔散大，血压下降、体温降低，全身或局部颤抖、出汗，呆立不动、行走如醉，如不及时抢救，可导致死亡。

待休克完全确立之后，根据临床表现，诊断并不困难。但必须了解，休克的治疗效果取决于早期诊断，待患牛已发展到明显阶段，再去抢救，则为时已晚。若能在休克前期或更早地实行预防或治疗，不但能提高治愈率，同时还可以减少经济上的损失。但理论上强调的早期诊断的重要意义，在实际临床要做到很困难，首先从技术上早期诊断要有丰富的临床经验，另外在临床上遇到的病例，往往处于休克的中、后期，病情已到相当程度，抢救已十分困难。为此，兽医人员必须从思想上认识到，任何重病都不是静止不变的，都有其发生发展的过程，对重症患牛要十分细致，不断观察其变化，对有可疑休克的病牛要早期预防；确认已发生休克时，要积极采取抢救措施。

【诊断】

（1）外观检查　首先了解患牛机体血液循环状况，在临床上除注意结膜和舌的颜色变化之外，要特别注意齿龈和舌边缘血液灌流情况。通常采用手指压迫齿龈或舌边缘，记录压迫后血流充满时间。在正常情况下，血流充满时间小于1秒，这种办法只能测定微循环的大致状态。

（2）脉搏　休克病牛脉搏微弱或不感于手。

（3）体温　除某些特殊情况体温增高之外，一般休克时体温低于正常，特别是末梢的变化最为明显。

（4）呼吸次数　在休克时呼吸次数增加，用以补偿酸中毒和缺氧。

（5）心率　是很敏感的参数，在牛心率超过110次/分钟，是预后不良的标志。

(6) 心电图　心电图可以诊断心律不齐、电解质失衡。酸中毒和休克结合能出现人的T波。高血钾症时T波突然向上、基底变狭，P波低平或消失，ST段下降，QRS幅宽增大，PQ延长。

(7) 尿量　肾功能是诊断休克的另一个参数。休克时肾灌流量减少，当大量投给液体，尿量能达正常的2倍。

(8) 有效血容量　有效血容量的测定，对早期休克诊断很有帮助，也是输液的重要指标。

(9) 其他　测定血清钾、钠、氯浓度及二氧化碳结合力、非蛋白氮等对诊断休克有一定价值。

以上临床观察和生理、生化各种指标的测定，可帮助诊断休克、确定休克程度和作为合理治疗的依据，所有参数都需要反复多次测定，才能得到正确的结论。

【治疗】　休克是一种危急症，治疗必须争分夺秒，认真抢救。因为各种休克的起因不同，必然各有其特点。败血性休克时微循环阻滞和代谢性酸中毒比其他休克更为严重。心源性休克则以心收缩力减退最为突出。创伤性休克时，体内分解特别旺盛，组织破坏严重，加之渗血、溶血、组织内凝血酶释出，更容易发生弥散性血管内凝血。低血容量性休克，体液丢失较多，要求补充血容量。在治疗上，要抓住主要矛盾，对患牛的血流动力学和血液化学的变化做具体分析。低血容量性、创伤性休克，应以补充血容量、增加回心血量为主。中毒性休克，在补充有效循环血量的同时，应注意纠正酸中毒，为了使血液分布从异常向正常转化，要使用解痉扩血管药来解除微循环阻滞。心源性休克则应以增强心肌收缩力、防止心律失常为主，辅以补充有效循环血量的疗法。

83. 如何诊治牛蜂窝织炎？

在疏松结缔组织内发生的急性弥漫性化脓性炎症，称为蜂窝织炎。它常发生在皮下、筋膜下及肌间的蜂窝组织内，在其中形成浆液性、化脓性和腐败性渗出液，并伴有明显的全身症状。

【病因】 引起蜂窝织炎的病原菌主要是溶血性链球菌，其次为金黄色葡萄球菌、大肠杆菌、厌氧菌及其他链球菌等，偶见几种细菌混合感染。

一般经皮肤的微细创口而引起原发性感染，也可能继发于邻近组织或器官化脓性感染的直接扩散，或通过血液循环和淋巴管转移。

【分类】

（1）按蜂窝织炎发生部位的深浅，可分为浅在性蜂窝织炎（皮下、黏膜下蜂窝织炎）和深在性蜂窝织炎（筋膜下、肌间、软骨周围、腹膜下蜂窝织炎）。

（2）按渗出液的性状和组织的病理学变化，可分浆液性蜂窝织炎、化脓性蜂窝织炎、厌气性蜂窝织炎和腐败性蜂窝织炎。如化脓性蜂窝织炎伴发皮肤、筋膜和腱的坏死时，则称为化脓坏死性蜂窝织炎。在临床上也常见到化脓菌和腐败菌混合感染而引起的化脓腐败性蜂窝织炎。

（3）按蜂窝织炎发生的部位，可分为关节周围蜂窝织炎、食管周围蜂窝织炎、淋巴结周围蜂窝织炎、股部蜂窝织炎、直肠周围蜂窝织炎等。

【症状】 蜂窝织炎病程发展迅速，其局部症状主要表现为大面积肿胀，局部增温，疼痛剧烈和机能障碍；其全身症状主要表现为病牛精神沉郁，体温升高，食欲不振，并出现各系统（循环、呼吸及消化系统等）的机能紊乱。由于发病的部位不同，其症状亦有差异。

（1）皮下蜂窝织炎 常发生于四肢（特别是后肢），主要由于外伤感染所致。病初局部出现弥漫性渐进性肿胀，触诊时热痛反应非常明显。初期呈捏粉状有指压痕，后期则变为稍坚实感。局部皮肤紧张，无可动性。

随着炎症的发展，局部由浆液性渗出转变为化脓性浸润。此时患部肿胀更加明显，热痛反应剧烈，病牛体温显著升高。随着局部坏死组织的化脓性溶解而出现化脓灶，触诊柔软而有波动感。经过良好时，化脓过程局限化或形成蜂窝织炎性脓肿，脓汁排出后病畜局部和全身症状减轻；病程恶化时，化脓灶继续向周围和深部蔓延，使病情加重。

（2）筋膜下蜂窝织炎　常发生于前肢的前臂筋膜下、背腰部的深筋膜下，以及后肢的小腿筋膜下和股阔筋膜下的疏松结缔组织中。其临床特征是患部热痛反应剧烈，机能障碍明显，患部组织呈坚实性炎性浸润。病情根据发病筋膜的局部解剖学特点而向周围蔓延，全身症状严重恶化，甚至发生全身化脓性感染而引起死亡。

（3）肌间蜂窝织炎　常继发于开放性骨折以及化脓性骨髓炎、关节炎及腱鞘炎之后。有些是由于皮下或筋膜下蜂窝织炎蔓延的结果。

感染可沿肌间和肌群间大动脉及大神经干的径路蔓延。首先是肌外膜，然后是肌间组织，最后是肌纤维，先发生炎性水肿，继而形成化脓性浸润并逐渐发展成化脓性溶解。患部肌肉肿大、肥厚、坚实、界限不清，机能障碍明显，触诊和运动时疼痛剧烈。表层筋膜因组织内压增高而高度紧张，皮肤可动性受到很大的限制。全身症状明显，体温升高，精神沉郁，食欲不振。局部已形成脓肿时，切开后可流出灰色、常带血样的脓汁。有时由化脓性溶解可引起关节周围炎、血栓性血管炎和神经炎。

【治疗】　治疗原则：减少炎性渗出，抑制感染扩散，减轻组织内压，改善全身状况，增强机体抗病能力。

（1）局部疗法

①控制炎症发展，促进炎症产物消散吸收：最初24～48小时内，当炎症继续扩散，组织尚未出现化脓性溶解时，为减少炎性

渗出可用冷敷（10%鱼石脂酒精、90%酒精、醋酸铅明矾液、栀子浸液），涂以醋调制的醋酸铅散。用0.5%盐酸普鲁卡因青霉素溶液作病灶周围封闭。当炎性渗出已基本平息（病后3~4天），为了促进炎症产物的消散吸收可用上述溶液温敷。亦可外敷雄黄散，内服连翘散。

②手术切开：如果冷敷后炎性渗出不见减轻，组织出现增进性肿胀，病牛体温升高和其他症状都有明显恶化的趋向时，为了减轻组织内压，排出炎性渗出液，应立即进行手术切开。局限性蜂窝织炎脓肿可等待其出现波动后再行切开。

手术切开时应根据情况做局部或全身麻醉。浅在性蜂窝织炎应充分切开皮肤、筋膜、腱膜及肌肉组织等。为了保证渗出液的顺利排出，切口必须有足够的长度和深度，用纱布引流，必要时应造反对孔。四肢应作多处切口，最好是纵切或斜切。伤口止血后可用中性盐类高渗溶液作引流以利于组织内渗出液的外流。

如经以上治疗后体温暂时下降复而升高，肿胀加剧，全身症状恶化，则说明可能有新的病灶形成，或存有脓窦及异物，或引流纱布干涸堵塞因而影响排脓，或引流不当所致。这时应迅速扩大创口，消除脓窦，摘除异物，更换引流纱布，保证渗出液或脓汁能顺利排出。待局部肿胀明显消退，体温恢复正常，局部创口可按化脓创处理。

（2）全身疗法　早期应用抗生素疗法、磺胺疗法及盐酸普鲁卡因封闭疗法。对病牛要加强饲养管理，特别是多给些富含维生素的饲料。注意纠正水、电解质及酸碱平衡紊乱，进行合理的输液治疗。

84. 如何诊疗牛风湿病？

风湿病是常会反复发作的急性或慢性非化脓性炎症，其特征是胶原结缔组织发生纤维蛋白变性以及骨骼肌、心肌和关节囊中的结缔组织出现非化脓性局限性炎症。胶原结缔组织的变性是由于在变态反应中大量产生的氨基乙糖所引起。如果氨基乙糖能被身体细胞的精蛋白所中和，就不会发生纤维蛋白变性或表现得不明显。该病常侵害对称性的肌肉、关节、蹄，另外还有心脏。

【诊断及鉴别诊断】 风湿病尚缺乏特异性诊断方法，在临床上主要根据病史和上述临床表现加以诊断。必要时可进行以下辅助诊断。

(1) 水杨酸钠皮内反应试验 是用新配制的0.1%水杨酸钠10毫升，分数点注入颈部皮内。注射后30分钟和60分钟分别检查白细胞总数。其中有一次比注射前的白细胞总数减少1/5时，即可判定为风湿病阳性反应。

(2) 血常规检查 病牛血红蛋白含量增多，淋巴细胞减少，嗜酸性粒细胞减少（病初），单核白细胞增多，血沉加快。

(3) 纸上电泳法检查 病牛血清蛋白含量的变化规律为：清蛋白降低最显著，β球蛋白次之；γ球蛋白增高最显著，α球蛋白次之。清蛋白与球蛋白的比值变小。

在临床上，风湿病除应注意与骨软症进行鉴别诊断外，还要注意与肌炎、多发性关节炎、神经炎、颈和腰部的损伤、牛锥虫病等疾病相区别。

【治疗】 治疗要点是：消除病因，加强护理，祛风除湿，解热镇痛，消除炎症。除应改善病牛的饲养管理以增强其抗病能力外，还应采用下述治疗方法。

(1) 应用解热、镇痛及抗风湿药 在这类药物中以水杨酸类药物的抗风湿作用最强。这类药物包括水杨酸、水杨酸钠及阿司匹林等。

(2) 应用皮质激素类药物 这类药物能抑制许多细胞的基本反应，因此有显著的消炎和抗变态反应的作用。其还能缓和间叶组织对内外环境各种刺激的反应性，改变细胞膜的通透性。临床上常用的有：醋酸可的松、氢化可的松、地塞米松、醋酸氢化可的松、醋酸泼尼松（强的松）、氢化泼尼松（强的松龙）、醋酸氢化泼尼松、氟美松磷酸钠盐及促皮质素等。它们都能明显地改善风湿性关节炎的症状，但容易复发。

（3）使用抗生素控制急性风湿病的链球菌感染　风湿病急性发作期，无论是否从咽部证实有链球菌感染，均需使用抗生素。首选青霉素，肌内注射，每天2～3次，一般应用10～14天。不主张使用磺胺类抗菌药物，因为磺胺类药物虽然能抑制链球菌的生长，却不能预防急性风湿病的发生。

（4）应用碳酸氢钠、水杨酸钠和自家血液疗法　其方法是，每天静脉注射5%碳酸氢钠溶液200毫升，10%水杨酸钠溶液200毫升。自家血液的注射量为第1天80毫升，第3天100毫升，第5天120毫升，第7天140毫升。每7天为一疗程，两疗程之间间隔7天，可连用两个疗程。对急性肌肉风湿病疗效显著，对慢性风湿病可获得一定的疗效。

（5）针灸　应用针灸治疗风湿病有一定的治疗效果。可根据病情的不同采用白针、电针、水针和火针。

（6）应用物理疗法　物理疗法对风湿病，特别是慢性经过者有较好的治疗效果。

①局部温热疗法：将酒精加热后（40℃左右），或将麸皮与醋按4：3的比例混合炒热装于布袋内进行患部热敷，每天1～2次，连用6～7天。亦可使用热石蜡及热泥疗法等。光疗法中可使用红外线局部照射，每次20～30分钟，每天1～2次，至明显好转为止。

②电疗法：中波透热疗法、中波透热水杨酸离子透入疗法、短波透热疗法、超短波电场疗法、周林频谱疗法及多源频谱疗法等对慢性风湿病均有较好的治疗效果。

在急性蹄风湿初期的炎性渗出阶段时，以止痛和抑制炎性渗出为目的，可以使用冷蹄浴、冷泥敷蹄等局部冷疗法。

（7）局部涂擦刺激剂　可应用水杨酸甲酯软膏或水杨酸甲酯莨菪油搽剂，亦可涂擦樟脑酒精及氨搽剂等。

85. 如何治疗指（趾）间皮炎？

没有扩延到深层组织的指（趾）间皮肤的炎症，称为指（趾）间皮炎。特征是皮肤不裂开，有腐败气味。

【病因】　潮湿不卫生为其主要诱因，条件致病菌感染为其致病原因。

【症状】　本病不引起急性跛行，但可见动物运步不自然，蹄非常敏感。病变局限在表皮，表皮增厚和稍充血，在指（趾）间隙有渗出物，有时形成痂皮。

当发现症状时，该病常常已到第二阶段，球部出现角质分离（通常在两后肢）之前，与球部相邻的皮肤可发生肿胀，并有轻度跛行。到第二阶段时，跛行明显，在角质和真皮之间有泥土、粪便和褥草等异物，接着可出现增殖反应。如果不发展成潜道，病变可平静下来转为慢性。本病常常发展成慢性坏死性蹄皮炎（蹄糜烂）和局限性蹄皮炎（蹄底溃疡）。

【治疗】　首先保持蹄的干燥和清洁，其次局部使用防腐和收敛剂，每天2次，连用3天。也可进行蹄浴。

86. 如何防治牛指（趾）间皮肤增生？

指（趾）间皮肤增生是指（趾）间皮肤和（或）皮下组织的增生性反应。本病在文献中曾有不同名称，如指（趾）间瘤、指（趾）间结节、指（趾）间赘生物、指（趾）间纤维瘤、慢性指

（趾）间皮炎、指（趾）间穹隆部组织增生等。

各种品种的牛都可发生，发生率比较高的有荷斯坦牛和海福特牛。

【病因】　引起本病的确切原因尚不清楚。一般认为与遗传有关，但仍有争论。蹄向外过度扩张，引起指（趾）间皮肤紧张和剧伸，或某些变形蹄、泥浆、粪尿等异物对指（趾）间皮肤经常刺激，都易引起本病。指（趾）骨有外生骨瘤或锌缺乏可能与本病的发生有关。

【症状】　本病多发生在后肢，可以是单侧发生，也可以是两侧的。

从指（趾）间隙一侧开始增生的小病变不引起跛行，因而容易被忽略。增大时，可见指（趾）间隙前面的皮肤红肿、脱毛，有时可看到破溃面。指（趾）间穹隆部皮肤进一步增生时，形成舌状突起。此突起随着病程发展，不断增大增厚，在指（趾）间向地面伸出，其表面可由于压迫坏死，或受伤发生破溃，引起感染，可见有渗出物，气味恶臭。根据病变大小、位置、感染程度和落到患指（趾）压力的差异，出现不同程度的跛行。

在指（趾）间隙前端皮肤，有时增生成草莓样凸起，由于破溃后发生感染，患牛驻立时非常小心，因为局部碰到物体或受两指（趾）压迫时，患牛可感到剧烈疼痛。增生的凸起后期可角化。有跛行时，奶牛泌乳量会明显降低。

由于指（趾）间有增生物，可造成指（趾）间隙扩大或出现变形蹄。

【治疗】

（1）药物治疗　用0.1%高锰酸钾溶液或2%来苏儿溶液彻底清洗患蹄，增生部位可撒布硫酸铜粉、高锰酸钾粉等，用绷带包扎，2～3天换药一次，直到增生物消除为止。

（2）手术疗法　将牛横卧保定或在柱栏内保定，局部（掌部、跖部）用2%～3%普鲁卡因麻醉。用绳套或徒手将两指（趾）分开，充分暴露增生物并用钳夹住，沿其基部作梭形切口，切开皮肤及结缔组织直到脂肪暴露为止，创内撒布抗生素，创缘用丝线作2～3针结节缝合，外涂松馏油，用绷带包扎。隔3～4天更换绷带一次，2周后拆除绷带。手术创缘也可不缝合，最后在两指（趾）蹄尖处钻洞，用金属丝将两指（趾）一起固定并用绷带包扎，外套防水蹄套。

【预防】 加强饲养管理，保持局部干燥。牛床、运动场应及时清扫，保持清洁卫生，减少蹄部感染机会。坚持用硫酸铜溶液浴蹄，定期修蹄，防止发生蹄变形。

87. 如何防治牛蹄叶炎？

蹄叶炎又称为弥散性无败性蹄皮炎，可分为急性、亚急性和慢性三类，通常侵害几个指（趾）。

蹄叶炎可能是原发性的，也可能继发于其他疾病，如严重的乳腺炎、子宫炎和酮病。蹄叶炎可发生于奶牛、肉牛和青年公牛。

母牛发生本病与产犊有密切关系，而且年轻母牛发病率高。奶牛采用以精料为主的饲养方式时发病率高。

【病因】 长期以来认为牛蹄叶炎是全身代谢紊乱的局部表现，但确切原因尚无定论，倾向于综合性因素所致，包括分娩前后到泌乳高峰时期食入过多的碳水化合物精料、不适当运动、遗传和季节因素等。

【症状】 急性蹄叶炎症状非常典型。病牛运动困难，特别是在硬地上。站立时弓背，四肢收于一起。如仅前肢发病，症状更加严重，后肢向前伸，达于腹下，以减轻前肢的负重。有时可见两前肢交叉，以减轻患肢的负重。通常内侧指疼痛更明显，一些动物常用腕关节跪地采食。后肢患病时，常见后肢运步时划圈。

患牛不愿站立，较长时间躺卧，在急性期早期可见明显出汗和肌肉颤抖。体温可升高，脉搏可加快，血压降低。

局部症状可见患肢的静脉扩张，前肢的指动脉搏动明显，蹄冠的皮肤发红，仅在蹄部可感到发热。蹄底角质脱色，变为黄色，有不同程度的出血。

亚急性蹄叶炎很少能检查到全身性症候，许多牛局部症候也很轻微。许多病牛可能没有被发现或被误诊为其他疾病。

急性蹄叶炎如不在早期抓紧治疗，就会变成慢性蹄叶炎。慢性蹄叶炎不仅可引起不同程度的跛行，而且也是发展为其他蹄病的原因之一，这是由于真皮内生角质层被破坏所致。

慢性蹄叶炎的临床症状没有急性的严重，常常没有全身症状。所有患牛可看到站立时以球部负重，蹄底负重不确实。时间较长后，患牛全身状态变坏，出现蹄变形、蹄延长，蹄前壁和蹄底形成锐角。由于角质生长紊乱，出现异常蹄轮。由于蹄骨下沉、蹄底角质变薄，甚至出现蹄底穿孔。

组织病理学变化基本是血管性的，急性时真皮充血水肿，毛细血管有血栓，可看到出血和淋巴细胞积聚；表皮内生角质物明显缺乏，生发层的细胞变形。慢性蹄叶炎有相似的变化，可看到陈旧的血栓，真皮层形成纤维组织和毛细血管增生，明显缺乏生角质物质。

【治疗】 首先应除去病因。给予抗组胺制剂，也可应用止痛剂。患慢性蹄叶炎时注意护蹄，维持其蹄形，防止蹄穿孔。

【预防】 分娩前后应避免饲料的急剧变化，产后增加精料的速度应缓慢。给精料后应加适量的粗饲料，饲料内可添加碳酸氢钠。

88. 如何治疗牛蹄糜烂？

蹄糜烂是指蹄底和球负面糜烂，又名慢性坏死性蹄皮炎。

【病因】 过长蹄、芜蹄、牛舍和运动场潮湿不洁是导致本病发生的因素。指（趾）间皮炎与发生在球部的糜烂有直接关系，结节状杆菌是引起糜烂的微生物。

【症状】 本病进展很慢，除非有并发症，很少引起跛行。轻症病例只在底部、球部、轴侧沟有小的深色坑。进行性病例，坑融合到一起，有时形成沟状，坑内呈黑色，外观很破碎。最后，在糜烂的深部暴露出真皮。糜烂可发展成潜道，偶尔在球部发展成严重的糜烂，长出恶性肉芽，引起剧烈跛行。

【治疗】 整个蹄应彻底清洁，削除不正常的角质，扩开所有的潜道，用5%碘酊消毒，再用血竭封口，也可应用硫酸铜和松馏油包扎。可以给牛穿特制的蹄鞋。

89. 如何治疗牛直肠脱？

【病因】

（1）饲养管理不善，饲料单一，日粮配合不当，营养不全，运动或放牧过于疲乏，使奶牛体质虚弱，排便困难，努责过度，造成直肠韧带或肛门结构肌弛缓，失去弹性和正常的支持固定作用，引起直肠黏膜的一部分或大部分向外翻出而脱垂于肛门之外，不能自行缩回。

（2）个别奶牛因年老体弱或长期患慢性便秘剧烈努责、久泻不止、慢性咳嗽、分娩努责、久卧不起、公牛配种等使腹内压增高，母牛发生阴道脱，以及用刺激性药物灌肠后继发本病。

【症状】 病初患牛于卧地或排便后，直肠末端黏膜部分翻出于肛门外，呈鲜红色圆形，柔软，伴有轻度水肿（图47），起立或便后即自行缩回，如此不断反复，致使黏膜水肿、充血、发炎，逐渐失去自行缩回的能力，从而发生直肠全脱出，此时可见肛门外有圆柱状下垂的肿胀物。脱出的直肠黏膜被尾毛、粪尿、垫草等污染呈暗红色。严重的病例，因脱出的肠管长期暴露于体外，水肿加剧，黏膜表面干硬，呈污秽不洁的暗紫色或褐色，并出现溃烂、淤血、坏死、穿孔或直肠壁破裂等，引起感染并出现全身症状。如伴发肠套叠，圆柱状肿胀物向上弯曲，手可沿脱出的肠管和肛门之间插入

图47 直肠脱出

而摸到套入的肠管。此时，患牛出现排便困难，痛苦不安，拱背，后腿频频移动，不断努责，食欲减少，精神沉郁，泌乳减少或停止。

【治疗】

（1）整复脱出物 对症状轻的患牛，脱出部分用0.1%高锰酸钾溶液冲洗干净，并用2%明矾溶液收敛及热毛巾温敷。如脱出直肠表面部分溃烂、坏死，应用刀或剪除去，至露出新鲜组织为止。水肿严重的应用针刺破，放出液体，洗净消毒后，涂撒消炎膏（粉）。在患牛没有努责的情况下，缓缓将脱出肠管还纳于肛门内。

（2）固定肛门 为防止还纳的直肠继续脱出，应在肛门周围作袋状缝合，但中央应留有二指宽的排粪孔。经7～10天后，如无感染或患牛不再努责，可拆除缝线。若脱出的肠管只有外层黏膜发生溃烂、坏死，应先部分切除后整复固定于肛门内：先将脱出部分洗净消毒后，在离肛门周围缘约1厘米处环切肠管壁的黏膜层（勿损伤肌层），然后钝性分离黏膜，向下剥离，并翻转黏膜层，将其剪除，最后顶端黏膜边缘与肛门周围黏膜边缘作8～10个结节缝合，切口涂撒消炎膏（粉）后，还纳于肛门内，肛门口作袋状缝合。

（3）手术切除 脱出的肠管如果严重坏死、溃烂，不能整复，

应立即施行直肠切除术。首先清洗消毒脱出的肠管，麻醉后，在靠近肛门处的健康肠管上，用消毒过的两根长封闭针头相互垂直成十字刺入，以固定肠管。在距固定针1~2厘米处切除坏死的肠管，充分止血后，对两层断端肠管施行相距0.5厘米的结节缝合。为了防止污染，每缝1针后应换消毒过的针线。缝合完毕，用0.1%高锰酸钾溶液或新洁尔灭溶液冲洗消毒后，除去固定针，涂撒消炎膏（粉）后，还纳于肛门内，一般7天左右可拆除缝线。

（4）术后护理　整复或手术后，为了防止感染和发炎，应全身肌内或静脉注射磺胺类药物或抗生素，并随时根据病情，采取镇痛消炎、健胃缓泻等对症疗法。患牛如体质虚弱，中气不足，气虚下陷，为了促进身体和术部的恢复，可内服中药补中益气汤，每天1剂，连用5~7天。

【注意事项】

（1）改善饲养管理条件，增加营养，喂给全价精料及优质青干草料，增强牛的体质，减少发病率，是防止本病发生和提高治疗效果的重要措施。其次是消除病因，积极治疗便秘、腹泻、咳嗽及阴道脱等疾病。

（2）本病只要发现早，并及时进行整复或手术，都有治愈的希望。发现迟，治疗不及时导致患牛全身感染，倒地不起，则有死亡的危险。进行整复或手术时，对脱出的肠管应清洗消毒干净，并彻底除去溃烂和坏死的黏膜，这是整复或手术成功的关键。

第五章

牛的常见产科病

80. 乳腺炎有哪些症状和分类？

乳腺炎是母畜乳腺的炎症，奶牛乳腺炎最为常见，其特点是乳中出现体细胞，特别是白细胞增多，以及乳腺组织发生的病理变化。该病不仅影响产乳量，造成经济损失，而且影响所产乳的品质，危及人的健康。

【病因】 病原微生物感染是乳腺炎的主要发病因素，包括细菌、支原体、真菌、病毒等，据报道有80种之多，较常见的有23种，其中细菌14种，支原体2种，真菌及病毒7种。这些病原体通过乳头管口进入乳房是主要的感染途径。另外，当乳房受到摩擦、挤压、碰撞、刺划等机械因素，尤以幼畜吮乳时用力碰撞和徒手挤乳方法不当，使乳腺损伤，可通过厩舍、运动场、挤乳手指和用具而引起感染。泌乳期饲喂精料过多而乳腺分泌机能过强，应用激素治疗生殖器官疾病而引起的激素平衡失调，是本病的诱因。某些传染病（如布鲁氏菌病、结核病等）也常并发乳腺炎。另外，体内某些器官疾病产生的毒素，病原微生物产生的毒素，以及饲料、饮水或药物中的毒素也可影响到乳腺而引起炎症。

【分类和症状】 临床上较为适用的分类方法如下：

（1）以乳汁可否检出病原菌和乳房、乳汁有无肉眼可见变化划分——国际乳业联盟（IDF，1985）

①感染性临床型乳腺炎：乳汁中可检出病原菌，乳房和乳汁有肉眼可见变化。

②感染性亚临床型乳腺炎：乳汁中可检出病原菌，但乳房或乳汁无肉眼可见变化。

③非特异性临床型乳腺炎：乳房或乳汁有肉眼可见的变化，但乳汁检不出病原菌。

④非特异性亚临床型乳腺炎：乳房和乳汁无肉眼可见变化，乳汁中无病原菌检出，仅乳汁检验呈阳性。

（2）以乳房和乳汁有无肉眼可见变化划分——美国国家乳腺炎委员会（NMC，1978）

①非临床型或亚临床型乳腺炎：乳房和乳汁都无肉眼可见变化，要用特殊的试验才能检出乳汁的异常，通常称为隐性乳腺炎。

②临床型乳腺炎：乳房和乳汁均有肉眼可见的异常。轻度临床型乳腺炎乳汁中有絮片、凝块，有时呈水样。乳房轻度发热和疼痛或不热不痛，可能肿胀。重度临床型乳腺炎则患区急性肿胀、热、硬、疼痛（图48）。乳汁异常，分泌减少。如出现体温升高，脉搏增速，患牛抑郁、衰弱、食欲丧失等全身症状，称为急性全身性乳腺炎。

临床型乳腺炎根据炎症性质还可分为以下三种：

A. 浆液性炎：浆液及大量白细胞渗透到间质组织中，乳房红、肿、热、痛，乳上淋巴结往往肿胀。乳稀薄，含

图48 急性乳腺炎，左侧乳腺肿大、潮红，有痛感（陈怀涛）

絮片。

B. 卡他性炎：脱落的腺上皮细胞及白细胞沉积于上皮表面。

a. 乳管及乳池卡他性炎：先挤出的乳汁含絮片，后挤出的乳汁不见异常。

b. 腺胞卡他性炎：如果全乳区腺胞发炎，则患区红、肿、热、痛，乳量减产，乳汁水样，含絮片，可能出现全身症状。

C. 纤维蛋白性炎：纤维蛋白沉积于上皮表面或（及）组织内，为重剧急性炎症。乳上淋巴结肿胀。挤不出乳汁或只挤出几滴清水。本型多由卡他性炎发展而来，往往与脓性子宫炎并发。

③慢性乳腺炎：由乳腺持续感染所致，通常没有临床症状，偶尔可发展成临床型。突然发作以后，通常转成非临床型。

④化脓性乳腺炎：

A. 急性脓性卡他性炎：由卡他性炎转来。除患区炎性反应外，乳量剧减或完全无乳，乳汁水样含絮片（图49）。有较重的全身症状。数日后转为慢性，最后乳区萎缩硬化，乳汁稀薄或黏液样，乳量渐减直至无乳。

图49 化脓性乳腺炎，乳汁稀薄，其中混有灰白色脓性凝块（陈怀涛）

B. 乳房脓肿：乳房中有多个小米大至豆粒大脓肿。个别的大脓肿充满乳区，有时向皮肤外破溃。乳上淋巴结肿胀。乳汁呈黏性脓样，含絮片。

C. 蜂窝织炎：为皮下或（及）腺间结缔组织化脓，一般与乳房外伤、浆性炎、乳房脓肿并发。产后生殖器官炎症易继发本症。乳上淋巴结肿胀。乳量剧减，以后乳汁含絮片。

⑤出血性乳腺炎：深部组织及腺管出血，皮肤有红色斑点，乳上淋巴结肿胀。乳量剧减，乳汁水样含絮片及血液，可能是溶

血性大肠杆菌等病原引起。

对非临床型乳腺炎主要以预防为主，对临床型乳腺炎则以治疗为主。

91. 乳腺炎的临床诊断方法有哪些？

临床型乳腺炎症状明显，根据乳汁和乳房的变化，就可做出诊断。隐性乳腺炎乳房无临床症状，乳汁也无肉眼可见的变化，但乳汁的 pH、导电率和乳汁中的体细胞（主要是白细胞）数、氯化物的含量等，都比正常高，需要通过乳汁检验，才能做出诊断；必要时可进行乳汁细菌学检查，为药物治疗提供依据。

（1）细胞计数法　是计算每毫升乳汁中的体细胞数，这是诊断隐性乳腺炎的基准，也是与其他诊断方法做对照的基准。

乳中体细胞数超过50万个/毫升，可确定为乳腺炎乳。有人则认为超过25万个/毫升，即可确定为乳腺炎乳。也有人提出在判定乳腺炎治疗效果时，乳汁体细胞数降至100万个/毫升以下就可判为正常。国外也有报道，在泌乳中期乳汁体细胞数超过100万个/毫升，才疑为乳腺炎。

（2）化学检验法　间接测定乳汁体细胞数和乳汁 pH 的方法，种类较多，现将常用的 CMT 法介绍如下：

①机理：乳汁细胞在表面活性物质和碱性药物作用下，脂类物质乳化，细胞被破坏后释放出 DNA，使乳汁产生沉淀或形成凝块。根据沉淀或凝块的多少，间接判定乳中细胞的数量而达到诊断目的。乳中细胞数越多，产生的沉淀或凝块也越多。本法不适用于泌乳初期和泌乳末期。

②试剂：烃基（烷基）硫酸盐30～50克，氢氧化钠15克，溴甲酚紫0.1克，蒸馏水1 000毫升。溴甲酚紫（B.C.P.）是乳汁 pH 的指示剂，以颜色变化指示不同的 pH，便于临床判定。

③方法：乳汁检验盘上有4个直径7厘米、高1.7厘米的检验皿，将4个乳区的乳汁分别挤入4个检验皿中。检验盘倾斜60°，流出多余乳汁，加等量试液，随即平持检验盘旋转摇动，使试药与乳汁充分混合，10秒后观察。判定标准见表1。

表1　CMT法判定标准

被检乳	乳汁反应	判定符	细胞总数（万个/毫升）	中性粒细胞（%）
阴性	无变化，不出现凝块	－	0～2	0～25
可疑	有微量沉淀，但不久即消失	±	15～50	30～40
弱阳性	部分形成凝块状	＋	80～500	60～70
阳性	全部形成凝块状，回转搅动时凝块向中央集中，停止搅拌则凝块呈凹凸状附着于皿底	＋＋	500以上	
强阳性	全部呈凝块状，回转搅动时凝块向中央集中，停止搅动则恢复原状，并附着于皿底	＋＋＋		
酸性 pH 2.5以下	由于乳糖分解，乳汁变黄色			
碱性	乳汁呈深黄紫色，为接近干奶期、感染乳腺炎、泌乳量降低的表现			

（3）物理检验法　乳腺发炎时，乳中氯化物含量增加，电导率值上升，因此用物理学方法检验乳汁电导率值的变化，可以诊断隐性乳腺炎。此法迅速、准确。

92. 乳腺炎的防治措施有哪些？

奶牛的泌乳是周期性的，乳腺炎又分为各种类型，因此对乳腺炎的防治要根据泌乳周期的不同阶段和乳腺炎的类型，选择以治为主还是以防为主的措施。总体原则是杀灭已侵入乳腺的病原菌，防止病原菌侵入，减轻或消除乳腺的炎症。

（1）临床型乳腺炎　以治为主，杀灭侵入的病原菌和消除炎症。

①抗菌疗法：主要使用抗生素，也可用磺胺类，病情严重者还配合进行全身治疗。为避免病原菌对抗生素产生抗药性和乳汁的抗生素残留，近年来研究用复方中药进行治疗，效果也较令人满意。

常用的抗菌药物有青霉素、链霉素、四环素、氟苯尼考、环丙沙星、恩诺沙星、卡那霉素和磺胺类药等。常规的方法是将药液稀释成一定的浓度，通过乳头管直接注入乳池，可以在局部保持较高浓度，达到治疗目的。

乳牛乳腺炎的主要病原菌是金黄色葡萄球菌、无乳链球菌和其他链球菌。我国一些地区无乳链球菌检出率高于金黄色葡萄球菌，成为乳腺炎最主要的病原菌。临床上长期使用青霉素、链霉素合并治疗乳腺炎，曾经有相当效果，但也产生了不少抗药菌株。故发现乳腺炎后，宜先采用广谱抗生素，或选择两种抗生素合并使用，经2～3天，如无明显好转，再改用其他抗菌药物。有条件的在查明病原菌后，则可有针对性地应用相应药物进行治疗。抗菌药物一般连用3～4天，临床症状消退后，仍需再用1～2天，然后停药。停药至第10天左右，做一次乳汁检验，如仍为阳性，则需更换药物继续治疗。

为了使注入的抗菌药物充分到达感染部位，而不被乳汁或炎性分泌物所干扰，注药前要尽量使乳房内残留的乳汁和分泌物排净。为此，可肌内注射10～20国际单位的催产素，然后挤奶。

乳房基底封闭，对浆液性乳腺炎有一定疗效。牛前区乳腺发炎时，从患侧前区乳房基部与腹壁之间进针，向对侧膝关节方向刺入8～10厘米，边退针边注射2%～3%普鲁卡因溶液20毫升。后区乳腺发炎时，术者位于牛的后方，在患侧乳房基部离乳房中线1～2厘米处进针，向同侧腕关节方向刺入8～10厘米，边退针边注射2%～3%普鲁卡因溶液20毫升，每天1次，连续2～3次。普鲁卡因溶液中加入适量抗生素，可提高疗效。

②物理疗法：认真热敷，按摩乳房，增加挤乳次数，对乳腺炎的治疗大多是有益的，但对出血性乳腺炎则是有害的。

③脓肿治疗：浅表脓肿可行切开排脓、冲洗、撒布消炎药等一般外科处理。深部脓肿，可穿刺排脓并配合使用抑菌药治疗。当其破溃，应待炎症被抑制后，使其自行愈合。

④中药疗法：可使用降痛饮，对一切肿毒（包括乳腺炎），不论其急性或慢性，有脓或无脓，都有较好疗效；肿疡消散饮，适用于急性乳腺炎；黄芪散和冲和膏，适用于慢性乳腺炎。

（2）亚临床型乳腺炎或隐性乳腺炎　以防为主，防治结合，预防病原菌侵入乳腺，即使侵入也能很快被杀灭。隐性乳腺炎乳房和乳汁虽然无肉眼可见的异常，但发病率高、影响产乳量和乳的品质、危及人体健康，而且容易转为临床型，应十分重视。

①乳头药浴：是防治隐性乳腺炎行之有效的方法，在奶牛业发达的国家已成为常规。挤奶结束后，乳头管括约肌尚未收缩，病原体极易从此侵入乳房。乳头药浴是在挤奶后，立即用药液浸泡乳头，杀灭附着在乳头末端及其周围和乳头管内的病原体。

浸泡乳头的药液，要求杀菌力强，刺激性小，性能稳定，价廉易得。常用的有洗必泰、次氯酸钠、新洁尔灭等。0.3%～0.5%的洗必泰效果最好，抑菌作用强，药性稳定，对乳头皮肤和乳头管黏膜无刺激作用。次氯酸钠次之，但药性不稳定，作用持续时间较短。

②乳头保护膜：乳腺炎的主要感染途径是乳头管，挤奶后将乳头管口封闭，防止病原菌侵入，也是预防乳腺炎的一个途径。乳头保护膜是一种丙烯溶液，浸渍乳头后，溶液干燥，在乳头皮肤上形成一层薄膜，徒手不易撕掉，用温水擦洗才能除去。保护膜通气性好，对皮肤没有刺激性，不仅能保护乳头管不被病原体侵入，对乳头表皮附着的病原菌还有固定和杀灭作用。

【预防】

(1) 常规预防措施　保持厩舍、运动场、挤奶人员手指和挤奶用具的清洁，以创造良好的卫生条件，做好传染病的防检工作。正确进行挤奶，挤奶前先用温水将乳房洗净并认真按摩，挤奶时用力均匀并尽量挤尽乳汁，先挤健牛后挤病牛。逐渐停乳，停乳后注意乳房的充盈度和收缩情况，发现异常及时检查处理。分娩前，乳房明显膨胀时，适当减少精饲料的饲喂量；分娩后，控制饮水，适当增加运动和挤奶次数。有乳腺炎征兆时，除采取医疗措施外，还应根据情况隔离患牛。

(2) 干乳期预防　乳房在干乳期要经过3个不同阶段，即自动退化期、退化稳定期和生乳期。自动退化期是乳房自动停乳的过程，通常要30天左右，这一阶段是重新感染的最危险期，尤其是停乳后的头3周。进入退化稳定期后完全干乳，约为2周。这时乳头管收缩，乳房抗菌物质增加，细菌的渗透和生存能力降低，整个阶段临床型乳腺炎极少发生。这一阶段的长短，与整个干乳期的长短呈正相关。生乳期为产犊前的大约2周，乳房发生类似第一阶段的变化，乳房内白细胞吞噬能力降低，乳房开始充乳，乳头管扩张，甚至漏乳，有利于病原体的侵入，增加了感染的危险。干乳期是预防临床型乳腺炎的重要时期，也是控制乳腺炎发生的一个重要环节，尤其是干乳的第一、三两个阶段。主要方法是向乳房内注入长效抗菌药物。

93. 如何诊治乳池狭窄和闭锁？

奶牛乳头狭窄及闭锁主要是由于粗暴挤奶、乳房炎症、乳头挫伤引起乳头局部及其附近结缔组织增生、形成瘢痕，以及发生乳头状瘤、纤维瘤等所致，常发生在一个乳头池的基部。偶见有先天性乳池狭窄及闭锁。

【症状及诊断】

(1) 肉芽肿 主要发生在乳池棚及其附近，由于乳池棚裂口而使结缔组织增生，形成环状或半环状、乳头状、块状隆起，阻塞乳槽。指捏乳头基底部一带，可清楚地触知有结节，缺乏游动性。这些组织妨碍乳汁进入乳头池。轻症不影响乳汁挤出。稍大的肉芽肿，在挤完头几把乳汁后，乳头池尚可充涨。肉芽肿完全阻塞时，乳汁不能进入乳头池，挤不出乳汁。

(2) 乳池闭锁 是组织异常增生的结果，乳汁不能进入乳头池，挤不出乳汁。

(3) 乳头池黏膜泛发性增厚 乳头池壁变厚，池腔狭窄，储乳减少。

(4) 乳头池黏膜面肿瘤 大的使乳池变窄，小的妨碍挤奶。

【治疗】 尚无有效疗法，难以根治。

94. 如何诊治乳头管狭窄及闭锁？

乳头管狭窄及闭锁在乳牛较多发，分为先天性和后天性两种。

【病因】 先天性的很少见，可能与遗传有关。后天性的主要是挤奶方法不正确，如拇指弯曲式挤奶，用突出的拇指关节压迫乳头，长期刺激乳头管，引起黏膜发炎，组织增生，导致乳头管狭窄或闭锁。乳头末端受到损伤或发生炎症，也可引起乳头管黏膜下及括约肌间结缔组织增生，形成瘢痕，导致管腔狭窄。

【症状及诊断】 乳头管狭窄者，挤奶困难，乳汁呈点滴状或细线状排出；乳头管口狭窄时，乳汁射向一方或四方。

乳头管闭锁者，乳池充满乳汁，捏挤不出乳汁。搓捻乳头末端，可感觉在乳头管的不同部位（管口、中部或近乳池部）有不同硬度、不同形状（豆形、圆柱形，索状或团块状）和大小不一的增生物。如仅为一层膜造成闭锁，则不易触诊到。

乳头管狭窄和闭锁的程度，可用探针进行诊断。完全闭锁阻塞严重的，探针不能通过；膜状闭锁，稍一用力即通过。

【治疗】 可行手术扩张乳头管并使之持久开通。

手术在麻醉下进行。用乳头管刀插入乳头管，纵行切大或切开管腔。随后放入蘸有蛋白溶解酶的灭菌棉棒，或插入螺帽乳导管。挤奶时，拧下螺帽，乳汁自然流出或加以外力挤奶；挤完后再拧上螺帽。

乳头管狭窄的，也可在挤奶前半小时插入乳头管扩张塞，挤奶时取下。使用时，一要充分消毒；二要先用细的，由细到粗逐渐扩张；三是扩张塞在乳头管中停留时间不宜过长，以免压迫黏膜或造成括约肌麻痹而漏奶。

95. 如何给奶牛施行乳房送风疗法？

乳房送风疗法至今仍然是治疗奶牛生产瘫痪最有效和最简便的方法，特别适用于对钙疗法反应不佳或复发的病例。其缺点是技术不熟练或消毒不严时，易引起乳腺损伤或感染。

乳房送风疗法的机理是在打入空气后，乳房内的压力随即上升，乳房的血管受到压迫，流入乳房的血液减少，随血液进入初乳而丧失的钙也减少，血钙水平（也包括血磷）升高。与此同时，全身血压也升高，可以消除脑的缺氧、缺血状态，使其调节血钙平衡的功能得以恢复。另外，向乳房打入空气后，乳腺的神经末梢受到刺激并传至大脑，可提高大脑的兴奋性，解除其抑制状态。

向乳房内打入空气，需用专门的乳房送风器。使用之前应将送风器的金属筒消毒，并在其中放置干燥消毒棉花，以便过滤空气，防止感染。没有乳房送风器时，也可利用大号连续注射器或普通打气筒，但过滤空气和防止感染比较困难。

打入空气之前，使牛侧卧，挤净乳腺中的积乳并消毒乳头，然后将已经消毒而且在尖端涂有少许润滑剂的乳导管插入乳头管内，并注入青霉素及链霉素溶液。

四个乳区内均应打满空气，打入多少空气才适宜，是以乳房皮肤紧张、乳腺基部的边缘清楚并且变厚、同时轻敲乳房呈现鼓音作为衡量标准。应当注意，打入的空气不够，不会产生效果；打入空气过量，可使腺泡破裂，发生皮下气肿。但是只要稍加注意，一般不会胀破乳房腺泡；而且即使损伤了部分腺泡，对以后的产乳量也无大影响；空气逸出以后，会逐渐移向尾根一带的皮下组织中，2周左右可以消失。

打完气后，将乳头孔用胶布密封或用宽纱布条轻轻扎住，防止空气逸出。待病畜起立后，经过1小时，将纱布条解除。扎勒乳头不可过紧及过久，也不可用细线结扎。

绝大多数病例在打入空气后约半小时，即能苏醒站立；治疗越早，效果越好。一般打入空气后10分钟，病牛鼻镜开始变湿润；15～30分钟眼睛睁开，开始清醒，头颈姿势恢复自然状态，反射及感觉逐渐恢复，体表温度也升高。驱之起立后，立刻进食，除全身肌肉尚有颤抖及精神稍差外，其他均恢复正常。肌肉震颤虽可持续数小时之久，但最后总会消失。

96. 如何给奶牛做子宫冲洗术？

子宫内膜炎是奶牛的一种常见生殖器官疾病，也是导致母牛不孕的重要原因之一。用冲洗子宫的方法治疗奶牛子宫内膜炎效果好。

当子宫颈封闭插管有困难时，可用雌激素促使子宫颈松弛开张后，再进行冲洗。冲洗的次数应根据子宫内膜炎的性质而定。患慢性子宫内膜炎时，一般子宫内积聚的渗出物不多，可以每天或隔天冲洗子宫1次。若为黏液脓性子宫内膜炎或纤维素性子宫内膜炎，则每天冲洗2~3次，直到渗出物减少时，可改为每天1次或隔天1次。

冲洗液的温度一般以35~45℃较好。每次使用的冲洗液数量不宜过多，一般为500~1000毫升，并分次冲洗直到排出的溶液变透明为止。冲洗子宫应严格做到无菌操作。

(1) 慢性化脓性子宫内膜炎　用淡消毒液，如0.02%~0.05%高锰酸钾溶液、淡复合碘溶液、0.01%~0.05%新洁尔灭溶液，也可用高渗盐水。

(2) 慢性卡他性子宫内膜炎　用1%~10%氯化钠溶液。该冲洗液可防止被吸收，有利于排出体外，而且还可促进子宫收缩，对应用其他冲洗液效果不好的病例效果显著。

在配种前1~2小时用生理盐水（加有青霉素）或1%小苏打溶液冲洗子宫及阴道，可提高受胎率。

97. 如何治疗母牛流产？

流产是由于胎儿或母体的生理过程发生紊乱，或它们之间的正常关系受到破坏，导致的妊娠中断，可以发生在妊娠期的各个阶段，但以早期较多见。一般而言，大家畜在预产期前一个月产出的胎儿不能成活。流产的发生率与饲养管理水平及是否有传染病有很大的关系。

【病因】　流产的原因很多，大体上分为两类。

（1）感染性流产　是由传染病和寄生虫病引起的，又分为自发性和症状性两种。

①自发性流产：胎膜、胎儿及母畜生殖器官直接受微生物或寄生虫侵害所致，如布鲁氏菌病、胎儿滴虫病。

②症状性流产：流产仅为某些传染病或寄生虫病的一个症状，如牛结核病、布鲁氏菌病、牛环形泰勒虫病等。

（2）非感染性流产　也分为自发性与症状性两类。

①自发性流产：胎膜、胎儿畸形发育和疾病所致者比较多见。如胎膜异常，胎膜无绒毛或绒毛发育不全，多为近亲繁殖的结果。流产后，要注意检查胎儿及其附属膜。又如尿囊液过多，在妊娠中后期，母畜腹围增大过快或特大，直肠检查感知子宫膨大并浮在上面。其原因是由于胎儿与母体之间不协调以及胎盘机能不良所致，见于子宫动脉或脐带动脉扭转、子宫内膜变性坏死、胎儿发育不良等。又如胎盘坏死及胎膜炎症多由于前一胎流产后对子宫处理不彻底尚有炎症时受胎所致，故应在流产后认真处理子宫，以防再流产。

②症状性流产：分为5种类型。

饲养性流产：饲料数量不足或营养价值不全（特别是蛋白质、维生素E、钙、磷、镁的缺乏），以及给予霉败、冰冻和有毒饲料，使胎儿营养物质代谢障碍所致。

损伤及管理性流产：跌摔、顶碰、挤压、踢跳、重役、鞭打、惊吓等，使母畜子宫及胎儿直接或间接受到冲击震动而流产。

疾病性流产：母畜生殖器官疾病及机能障碍、大失血、疼痛、腹泻以及高热性疾病和慢性消耗性疾病，使胎儿或胎膜受到影响。

药物性流产：在妊娠期间给予子宫收缩药、泻药、利尿药及全身麻醉等。

习惯性流产：同一孕畜发生两次以上流产，可能与近亲繁殖、内分泌机能紊乱和应激有关。

【**症状**】 主要有以下5种表现。

（1）胚胎消失 又称隐性流产。妊娠初期，胚胎大部分或全部被母体吸收。常无临床症状，只有妊娠后（牛40～60天）性周期又完全恢复而发情。

（2）排出未足月胎儿 有以下两种情况。

①小产：排出死亡、未经变化的胎儿。妊娠初期，因胎儿及胎膜很小，常在无分娩征兆的情况下排出，多不被发现。

②早产：排出不足月的活胎儿，有类似正常分娩征兆和过程，但很不明显，常在排出胎儿前2～3天，乳腺及阴唇突然稍肿胀。早产的胎儿，虽活力很低，仍应尽力抢救。

（3）胎儿干性坏疽（干尸化） 胎儿死于子宫内，由于黄体存在，故子宫收缩微弱，子宫颈闭锁，因而死胎未被排出。胎儿及胎膜水分被吸收后体积缩小变硬，胎膜变薄而紧包于胎儿，呈棕黑色，犹如干尸。母畜表现为发情停止，但随妊娠时间延长，腹部并不继续增大；直肠检查，感觉不到有胎动，子宫内无胎水，但有硬固物；子宫中动脉不变粗且无妊娠搏动，牛的一侧卵巢有十分明显的黄体。

（4）胎儿浸溶 胎儿死于子宫内，由于子宫颈开张，非腐败性微生物侵入，使胎儿软组织液化分解后被排出，但因子宫开张有限，故骨骼存留于子宫内。患畜表现精神沉郁，体温升高，食欲减退，腹泻、消瘦；可排出红褐色或黄棕色的腐臭黏液或脓液，并有时排出小短骨头；黏液沾污尾及后躯，干后结成黑痂。阴道检查，子宫颈开张，阴道及子宫发炎，在宫颈或阴道内可摸到胎骨；直肠检查时，在子宫内能摸到残存的胎儿骨片。

（5）胎儿腐败分解（胎儿气肿） 胎儿死于子宫内，由于子宫颈开张，腐败菌（厌气菌）侵入，使胎儿内部软组织腐败分解，产生硫化氢、氨及二氧化碳等气体积存于胎儿皮下组织、胸腹腔及阴囊内。母畜表现腹围增大，精神不振，呻吟不安，频频努责，从阴门内流出污红色恶臭液体，食欲减退，体温升高。阴道检查，产道有炎症，子宫颈开张，触诊胎儿有捻发音。

【治疗】　针对不同情况，采取不同措施。

（1）控制流产　对有流产征兆（胎动不安，腹痛起卧，呼吸、脉搏增数等）但胎儿未被排出体外及习惯性流产，应全力保胎，以防流产。可用黄体酮注射液和维生素E。胎儿死亡，且已排出的，应调养母畜。胎儿已死，若未排出，则应尽早排出死胎，并剥离胎膜，以防继发病的发生。

（2）胎儿干尸化的治疗　在子宫内灌注灭菌石蜡油或植物油后，将死胎拉出，再以复合碘溶液（用温开水400倍稀释）冲洗子宫。当子宫颈口开张不足时，可肌内或皮下注射己烯雌酚（必要时，间隔两天重复注射），促使黄体萎缩、子宫收缩及子宫颈开张，待宫颈开张较大后，按上述方法助产。

（3）胎儿浸溶及腐败分解的治疗　尽早将死胎组织和分解物排出，并按子宫内膜炎处理，同时应根据病况配以必要的全身疗法。

【预防】　根据孕畜的特点，实施综合性预防措施。

（1）给予数量足、质量高的饲料，日粮中所含的营养成分，要考虑母体和胎儿需要，严禁饲喂冰冻、霉败及有毒饲料，防止饥饿、过渴和过食、暴饮。

（2）孕畜要适当运动和使役，防止挤压碰撞、跌摔踢跳、鞭打惊吓、重役猛跑。做好冬季防寒和夏季防暑工作。合理选配，以防偷配、乱配。母畜的配种、预产期，都要记录。

（3）配种（授精）、妊娠诊断、直肠及阴道检查，要严格遵守操作规程，严防粗暴从事。

（4）定期进行检疫、预防接种、驱虫及消毒。凡遇疾病，要及时诊断，及早治疗，谨慎用药。

（5）发生流产时，先行隔离消毒，一边查找原因，一边进行处理，以防传染性流产传播。

98. 牛难产的原因有哪些？

胎儿在孕畜体内发育到足月后，连同胎膜从母体娩出的过程，称为分娩。分娩过程能否正常进行，决定于产力、产道和胎儿三个因素，其中一个或几个因素异常可引起难产。

（1）产力 将胎儿从子宫中排出的力量，称为产力。它是由子宫肌及腹肌、膈肌的有节律性收缩共同产生的。子宫肌的收缩，称为阵缩，是分娩过程中的主要动力。腹肌和膈肌的收缩，称为努责，它与阵缩协同，对胎儿的产出也起十分重要的作用。

产力异常包括产力出现过早、产力不足和产力减弱，是造成难产的原因之一。营养不良、患病、疲劳、分娩时外界因素的干扰等，可使孕畜产力减弱或不足。此外，给予的子宫收缩剂不适时，也可造成产力异常，如肌内注射催产素过早，可使产力出现过早，胎儿来不及调整自己的姿势、位置和方向而造成难产；给予大剂量的麦角制剂，可引起子宫的持续收缩而导致胎儿窒息。

（2）产道 产道是胎儿产出的必经之路，其大小、形状、是否柔软松弛等，都能够影响分娩的过程。产道是由软产道和硬产道共同构成的。软产道由子宫、阴道、尿道生殖前庭及阴门构成；硬产道指的是骨盆。

骨盆畸形、骨折，子宫颈、阴道及阴门的瘢痕、粘连、肿瘤或者发育不良，都可使产道狭窄和变形，影响胎儿的产出。

（3）胎儿因素 胎儿因素主要是指胎儿与母体产道的关系。如胎儿与产道的相对大小、相对位置、方向及姿势等。

①胎向：即胎儿的方向，也就是胎儿身体纵轴与母体身体纵轴的关系。胎向包括纵向、横向和竖向。

A. 纵向：是胎儿纵轴与母体纵轴互相平行，又分为正生纵向和倒生纵向两种情况。

B. 横向：是胎儿横卧于子宫内，胎儿的纵轴与母体纵轴呈水平十字形垂直，又分为背横向和腹横向两种。

C. 竖向：是胎儿站立或倒立于子宫内，胎儿纵轴与母体纵轴呈上下十字形垂直，又分为背竖向和腹竖向两种。

纵向是正常的胎向，横向和竖向是反常的，可导致难产。

②胎位：即胎儿的位置，也就是胎儿背部与母体的腹部或背部的关系。胎位包括上位、下位和侧位三种。

A. 上位：也叫背荐位，胎儿伏卧于子宫内，背部在上，接近母体的背部或荐部。

B. 下位：也叫背耻位，胎儿仰卧于子宫内，背部在下，接近母体的腹部或耻骨。

C. 侧位：也叫背髂位，是胎儿侧卧于子宫内，背部位于一侧，接近母体的髂骨。

上位是正常的，下位和侧位是异常的。

③胎势：即胎儿的姿势，也就是胎儿各部分是伸直的或是屈曲的，正常的胎势是在正生时，胎儿的头颈和两前肢伸直；倒生时两后肢伸直。其他的胎势是异常的，如头颈侧弯、腕部前置、坐骨前置等。据统计，胎势异常造成的难产，占胎儿性难产的90%以上。

99. 如何进行牛难产的术前术后检查？

难产助产的手术效果如何，与诊断是否正确有密切的关系。经过仔细检查，确定母畜和胎儿的反常情况，并通过全面的分析和判断，才能正确地决定采用哪一种助产方法及明确预后如何。然后要把检查结果、预定使用的手术方法及其预后向畜主交代清楚，争取在手术过程中及术后取得畜主的支持、配合及信任。

（1）询问病史　遇到难产病例，特别是需要出诊时，首先必须了解孕牛的情况，以便做好必要的准备工作。询问事项主要有以下几方面：

①产期：产期如尚未到，可能是早产或流产，胎儿一般较小，容易拉出；但如果这时胎儿为下位，则矫正工作也可能遇到困难。若已超过产期，胎儿可能较大，拉出矫正都较为困难。

②年龄及胎次：母牛的年龄幼小，常因骨盆发育不全，胎儿不易排出；初产母畜的分娩过程也较缓慢。

③分娩过程：孕牛躁动不安的情况，努责开始的时间，努责的频率和强弱如何，胎水是否已经排出，胎膜及胎儿是否露出，通过这些情况可判断是否发生了难产。在胎儿尚未露出以前，其方向、位置及姿势仍有可能是正常的。但在正生时，若一腿或两腿已经露出很长而不见唇部，或者唇部已经露出而不见一个或两个蹄尖；在倒生时，只见一后蹄或仅见尾尖，都表示胎儿已发生了姿势或其他异常。

④孕牛过去的特殊病史：过去发生过的某些疾病，如阴道脓肿、阴唇裂伤等对胎儿的排出有妨碍作用。骨盆部的骨质损伤可使骨盆狭窄，影响胎儿通过。腹壁疝可使孕牛努责无力。

⑤是否经过处理：如果已经对孕牛进行助产，必须问明助产之前胎儿的异常是怎样的，已经死亡还是活着；助产方法如何，使用过什么器械，用在胎儿的哪一部分，如何拉胎儿及用力多大；助产结果如何，对母体有无损伤，是否注意消毒等。助产方法不当，可能造成胎儿死亡，或加重其异常程度，并使产道水肿，增加手术助产的困难；不注意消毒，可能使子宫及软产道发生感染；操作不慎，可使子宫及产道产生损伤或破裂。这些情况可以帮助我们对手术助产的效果做出正确的预后。对预后不良的病牛（如子宫破裂），应告知畜主，并及时确定处理方法。

（2）母牛的全身检查　检查母牛的全身状况时，除一般全身检查项目如体温、呼吸、脉搏等外，还要注意母牛的精神状态及能否站立，才能确定母牛的全身状况能否经受住复杂的手术。

另外，还要检查阴门及尾根两旁的荐坐韧带后缘是否松软，向上提尾根时荐骨后端的活动程度如何，以便确定骨盆腔及阴门能否充分扩张。同时，还需检查乳房是否胀满，乳头中能否挤出白色初乳，从而确定妊娠是否已经足月。

（3）胎儿检查　主要检查胎儿的姿势、方向、位置有无反常，胎儿的死活、体格大小、进入产道的深浅，这些是术前检查最重要的项目。检查时，手臂及母牛外阴部均需消毒。可隔着胎膜触摸胎儿的前置部分，但在大多数情况下胎膜已破裂，术者的手可伸入胎膜内直接触诊。这样既摸得清楚，又能感觉出胎儿体表的润滑程度，越润滑操作越容易。

①胎儿是否反常：可以通过触诊其头、颈、胸、腹、背、臀、尾及前后腿的解剖特点及状态，判断胎位、胎向及胎势是否异常。

检查时，首先要弄清楚胎儿前置部位露出的情况有无异常。如果前腿已经露出很长而不见唇部，或者唇部已经露出而看不到一条或两条前腿，或者仅看见尾巴，而看不见一条或两条后腿，应先将手伸入产道仔细检查，确定胎儿异常的性质及程度，而不要把露出的部分向外拉，否则可使胎儿的反常加剧，给矫正工作带来更大的困难。

有时在产道内发现两条以上的腿，这时应仔细判断是同一胎儿的前后腿，还是双胎，或者是畸形。前后腿可以根据腕关节和跗关节的形状及肘关节的位置不同做出鉴别。

②胎儿的大小：胎儿与产道的相对大小可确定是否容易矫正和拉出。这可以根据胎儿与产道间隙的大小做出判断。

③胎儿进入产道的深浅：如果胎儿进入产道很深，不能推回，且胎儿较小，胎势基本正常，可先试行拉出；若进入尚浅，则应先矫正异常的胎势、胎位或胎向。

④胎儿的死活：对胎儿死活的判定，决定着手术方法的选择。如果胎儿已经死亡，在保全母牛及产道不受损伤的情况下，可对它采用任何措施。如果胎儿还活着，则应首先考虑挽救母子双方的方法，尽量避免锐利器械。实在不能兼顾时，则需考虑是挽救母牛还是保活胎儿，一般情况下首先考虑挽救母牛。

胎儿的生死与母牛阵缩的强弱有很大关系，如果阵缩持久，产程又较长，胎儿就会死亡；否则胎儿可存活较长时间。因此，如果产程缓慢，应及时检查和助产。

鉴别胎儿生死的方法如下：

a. 正生时，可将手指塞进胎儿口内，注意有无吸吮动作；捏拉舌头，注意有无活动；也可用手指压迫眼球，注意头部有无反应；或者牵拉前肢，感觉有无回缩动作。如果头部姿势异常无法摸到，可以触诊胸部或颈部动脉，感觉有无搏动。

b. 倒生时可将手指伸入肛门，感觉是否收缩。也可触诊脐动脉是否搏动。肛门外面如有胎粪，则表示活力不强或已死亡。

对反应微弱、活力不强的胎儿和濒死胎儿，必须仔细检查判定。濒死胎儿对触诊无反应，但在受到锐利器械刺激引起剧痛时，则出现活动。

检查胎儿时，发现它有任何一种活动，均代表还活着。但只有胎儿一点也没有活的迹象时，才能做出死亡的判定。此外，胎毛大量脱落、皮下气肿、触诊皮肤有捻发音，胎衣、胎水的颜色污秽，并有腐败气味，都说明胎儿已经死亡。脱落的胎毛很难完全从子宫中清除，往往会导致母牛不孕。

（4）产道检查　在检查胎儿的同时，也要检查产道。注意检查阴道的松软及润滑程度，子宫颈的松软及扩张程度；也要注意骨盆腔的大小及软产道有无异常等。骨盆腔变形、骨瘤、软产道畸形等均会使产道狭窄，影响胎儿的产出。

处理难产时，究竟应当采用什么手术方法助产，通过检查后应正确、及时而果断地作出决定，以免延误时机，给助产工作带来更大困难，同时也造成经济上的损失。

（5）术后检查　目的主要是判断子宫内是否还有胎儿，子宫及软产道是否受损伤，此外还要检查母牛能否站立以及全身情况。必要时，检查后还可进行破伤风预防注射。

确定是否还有胎儿，可将一只手伸入子宫，另一只手从腹壁外面协助进行检查。可静脉注射催产素，有胎儿的出现努责，没有胎儿的则开始放乳。多胎牛产后若仍有明显的努责，需检查是否还有胎儿，另外还要注意有无子宫内翻。

助产过程中如发觉子宫及软产道受到损伤，如见有鲜血，术后一定重点检查并及时处理。子宫的很多部位都可能发生损伤，但常发部位是子宫体靠近耻骨前缘的部分和子宫颈。

软产道及子宫受到损伤时，胎衣腐败容易引起伤口感染，所以胎衣能剥离的应剥离下来，不易剥离的可在子宫内放置抗生素防止胎衣腐败，等待其自行排出。

通过以上检查，可以判断母牛的预后。

100. 牛难产助产的基本原则和方法是什么？

（1）难产助产的原则　助产的目的是保全母子生命和避免母牛生殖器官和胎儿的损伤。当有困难时，要根据情况保全二者之一（多保全母牛）。难产助产应遵守以下原则：

①难产助产是一个艰苦细致的工作，常需花费较大力气和较长时间，因此要有坚定的信心和毅力，并严格遵守操作规程。

②矫正胎儿的异常部分，应尽可能把胎儿推回子宫内进行。

③拉出胎儿时，为使胎儿易于通过母牛骨盆，除顺着骨盆轴方向外，应使胎儿肩部（正生）成斜位或臀部（倒生）成侧位，并要随母牛阵缩徐缓持续地进行。

④助产手术一般先用手,必要时配合使用产科器械。使用产科器械时,要固定牢靠,并注意保护锐部以防损伤产道。

⑤产道干燥时,可用灭菌石蜡油或植物油灌于产道内。

⑥母牛的外阴部及术者手臂和所用器械,均需严格消毒。

⑦当需使用药物时,对预后不良的母牛(可能死亡或被迫屠宰),不可使用具有强烈气味的药物。

(2)难产助产的基本方法 难产助产的基本方法有3种,即推退矫正拉出术、碎胎术和剖腹取胎术。熟练而有选择地运用上述方法就可以解决任何难产。推退矫正拉出术是难产助产的基本方法,80%以上的难产是依靠此技术完成的。碎胎术只适用于大家畜,它需要备有齐全的器械和熟练的技术。由于剖腹取胎术的推广与应用,较复杂的碎胎术现今已较少应用,但不十分复杂的某些碎胎术仍不失为优良的助产术。剖腹取胎虽可解脱各种难产,但此手术毕竟是大手术,病例选择不当后果存疑,兽医工作者要根据实际情况灵活运用。

101. 如何治疗牛阴道脱出?

阴道的一部或全部脱出于阴门之外,称为阴道脱出。阴道脱出分为阴道上壁脱出和下壁脱出,以下壁脱出较为多见。

【病因】 日粮中缺乏常量元素及微量元素、运动不足、过度劳役、阴道损伤及年老体弱等,使固定阴道的结缔组织松弛,是其主要原因。

饱食后使役、瘤胃膨气、便秘、腹泻、阴道炎,长期处于向后倾斜过大的床栏,以及分娩及难产时的阵缩、努责等,致使腹内压增加,是其诱因。

【症状】 一般无全身症状,多见病牛不安、拱背、顾腹和做排尿姿势。继发感染时,则出现全身症状。

（1）部分脱出　常在卧下时，见到形如鹅卵大到拳头大的红色或暗红色的半球状阴道壁突出于阴门外，站立时缓慢缩回。但当反复脱出后，则难以自行缩回。

（2）完全脱出　多由部分脱出发展而成，可见形似排球大到篮球大的球状物突出阴门外，其末端有子宫颈外口，尿道外口常被挤压在脱出阴道部分的底部，故虽能排尿但不流畅。脱出的阴道，初呈粉红色，后因空气刺激和摩擦而淤血、水肿，渐成紫红色肉冻状，表面常有污染的粪土、出血、干裂、结痂、糜烂等。个别病例伴有膀胱脱出。

【治疗】　因脱出的程度不同而异。

（1）部分脱出的治疗　站立时能自行缩回的，一般不需整复和固定。在加强运动、增强营养、减少卧地，并使其保持后位高的基础上，灌服具有"补虚益气"的中药方剂，多能治愈。当站立时不能自行缩回者，则应进行整复固定，并配以药物治疗。

（2）完全脱出的治疗　应进行整复固定，并配以药物治疗。整复时，将病牛保定在前低后高的地方，裹扎尾巴并拉向体侧。选用2%明矾溶液、1%食盐溶液、0.1%高锰酸钾溶液、0.1%利凡诺溶液或淡花椒水，清洗局部及其周围。水肿严重时，热敷，挤揉或划刺以使水肿液流出。然后用消毒的湿纱布或涂有抗菌药物的油纱布把脱出的阴道包盖，趁牛不甚努责的时候用手掌将脱出的阴道托送还纳后，取出纱布。取治脱穴（阴唇中点旁开1毫米）及后海穴施电针，或在两侧阴唇黏膜下蜂窝组织内注入70%酒精30～40毫升，或以栅状阴门托或绳网结予以固定，亦可用消毒的粗缝线将阴门上2/3作减张缝合或纽孔状缝合。当病牛剧烈努责而影响整复时，可作硬膜外腔麻醉或尾骶封闭。

顽固性的病例，可采用坐骨小孔缝合固定法。先在坐骨小孔投影的臀部剃毛消毒，并作一皮肤小切口，一手伸入阴道内探摸坐骨小孔，并将双股或四股粗缝线的一端缚一粗的圆枕或有机大纽扣带入阴道；另一手持长柄针由皮肤切口向坐骨小孔方向刺入，穿透阴道，把缝线嵌入缝针缺口后拔出长柄针，缝线即被导出臀部；再在外面同样嵌一圆枕或有机大纽扣，拉紧缝线打结。无长柄缝针时，可用一长粗缝针从阴道经坐骨小孔穿出臀部。另一侧按同法进行，如此即将阴道壁和骨盆侧壁组织牢固地固定在一起。

脱出的阴道有严重感染时，应施以全身疗法，必要时可行阴道部分切除术。

除上述处理外，配合服用加味补中益气汤能加速痊愈。

【预防】 加强饲养管理，给予营养全面的日粮，加强运动，防止过度劳累和损伤阴道，预防和及时治疗能增加腹压的各种疾病。

102. 如何处理母牛产后子宫内翻和脱出？

母牛子宫角前端翻入子宫腔或阴道内，称为子宫内翻；子宫全部翻出于阴门之外，称为子宫脱出。二者病理程度不同。

【病因】 体质虚弱，运动不足，胎水过多，胎儿过大或多次妊娠，致使子宫肌收缩力减退和子宫过度伸张引起子宫弛缓，是其主要原因。

分娩过度延迟时，子宫黏膜紧裹胎儿，随着胎儿被迅速拉出而造成宫腔负压；分娩和胎衣不下时的强烈努责；产后长期站立于向后倾斜的床栏，以及便秘、腹泻、疝痛等引起的腹压增大，是其诱因。

【症状】 一般开始无全身症状，后期可发生子宫出血、坏死，甚至因感染而引起败血症。

(1) 子宫内翻 即子宫部分脱出，在牛多发生在孕角。病牛表现不安、努责、举尾等类似疝痛的症状。阴道检查，则见翻入阴道的子宫角尖端，呈柔软圆形；直肠检查时可发现子宫角似肠套叠样，子宫阔韧带紧张。当病牛卧地后可看到阴道内的子宫角，持续努责时可发展成子宫完全脱出。

（2）完全脱出　可见不规则的长圆形物体突出阴门之外，有时可达跗关节。脱出的子宫黏膜表面常附着有未脱落的胎膜，剥去胎膜或自行脱落后呈粉红色或红色，后因淤血而变为紫红色或深灰色，随着水肿呈肉冻状，且多被粪土污染和摩擦而出血，进而结痂、干裂、糜烂等。有的病例伴有阴道脱出。

脱出的子宫，表面布满圆形或半圆形的海绵状母体胎盘（子叶），且分为大小两堆（大者为孕角，小者为非孕角），二者之间有一光滑的子宫体，胎盘极易出血。

【治疗】　整复为主，配以药物治疗。但当子宫严重损伤坏死及穿孔而不宜整复时，应实施子宫切除术。

（1）整复　整复前首先对患牛进行妥善的保定，可以站在前低后高的地面上，也可侧卧保定于前低后高的床面上。施行全身浅麻醉，对脱出的子宫用生理盐水冲洗，除去异物及血凝块，用灭菌纱布保护。同时静脉注射钙制剂，以减少黏膜的渗出，并根据全身情况进行强心补液和纠正代谢性酸中毒等对症治疗，然后再进行整复。为使脱出子宫缩小，可用垂体后叶素行子宫壁注射；遇有胎盘出血，可用缝线结扎或药物止血。还纳子宫的方法有两种：一种是由子宫角尖端开始，术者一手用拳头顶住子宫角尖端的凹陷外，小心而缓慢地将子宫角推入阴道，另一手和助手从两侧辅助配合，并防止送入的部分再度脱出。同法处理另一子宫角，逐渐将脱出的子宫全部送回骨盆腔内。另一种是由子宫基部开始，从两侧挤压并推送靠近阴门的子宫部分，一部分一部分地推送，直至脱出的子宫全部被送回盆腔内。待子宫被全部还纳后，将手臂尽量伸入其中，以便使子宫恢复正常位置并防止再脱出。

整复后，为防止感染，可向子宫内注入抗生素类药物；为使复位后的子宫不再脱出，可灌入冷消毒药液，或将阴门稀疏缝合。

若配以子宫收缩剂或具有"补虚益气"的中药方剂，如补中益气汤、益母补气散等，则效果更好。

（2）脱出子宫切除术　若子宫脱出后无法进行整复，必须进行子宫切除术。子宫切除术的适应证为：无法还纳者；子宫有严重的损伤与坏死，还纳后有可能引起全身感染者。

站立或侧卧保定，并将后躯垫高。施行全身浅麻醉，配合后海穴封闭和子宫切除线局部浸润麻醉。

首先在子宫角基部作一纵行切口，检查其中有无肠管及膀胱，有则先将它们推回。仔细触诊，找到两侧子宫阔韧带上的动脉，在其前部进行结扎；粗大的动脉需结扎两道；并注意不要把输尿管误认为动脉。

在纵向切口的近子宫角基部横向切透子宫壁，长6～8厘米，立即用弯圆针、7号丝线于子宫壁断缘（保留子宫端）作黏膜与浆膜的连续缝合。边切边缝合，直至完全切除脱出的子宫，最后子宫角基部断端用双股10号丝线行"8"字形穿透基部结扎，然后将其送回骨盆腔内。

术后必须注射强心剂并大量输液，使用抗生素3～5天。密切注意有无内出血现象，对有出血倾向者应用止血剂，如止血敏、维生素K及葡萄糖酸钙等药物。努责剧烈者，可行硬膜外麻醉，或在后海穴注射2%普鲁卡因，防止引起断端再次脱出。有时病牛可能出现神经症状，兴奋不安，忽起忽卧，可灌服酒精镇静。术后阴门内常流出少量血液，可用收敛消毒药液（如明矾等）冲洗。如无感染，断端经过10天以后可以自行愈合，结扎线脱落。

103. 如何处理母牛产后胎衣不下？

母牛分娩后胎衣在正常时限内不排出，称为胎衣不下或胎衣滞留，胎衣为胎膜的俗称。产后正常排出胎衣的时间为12小时，如超过这个时间则表示发生异常。饲养管理不当、有生殖道疾病的舍饲奶牛多发。

【病因】　引起胎衣不下的原因很多，主要与产后子宫收缩无力、怀孕期间胎盘发生炎症及胎盘结构有关。

（1）产后子宫收缩无力　怀孕期间，饲料单一，缺乏矿物质、微量元素和维生素，特别是缺乏钙和维生素A，孕牛消瘦、过肥、运动不足等，都可造成子宫弛缓。

流产、早产、难产、子宫捻转时，产出或取出胎儿以后子宫收缩力往往很弱，因而发生胎衣不下。流产或早产后容易发生胎衣不下，还与胎盘上皮未及时发生变性及雌激素不足、黄体酮含量高有关；难产可使子宫肌疲劳，故产后收缩无力。

犊牛吮乳能刺激催产素释放，增强子宫收缩，促进胎衣排出。

（2）胎盘炎症　怀孕期间子宫受到感染（如布鲁氏菌、沙门氏菌、李氏杆菌、胎儿弧菌、生殖道支原体、霉菌、毛滴虫、弓形虫或病毒等引起的感染），发生轻度子宫内膜炎及胎盘炎，导致结缔组织增生，使胎儿胎盘和母体胎盘发生粘连，流产后或产后易发生胎衣不下。

（3）胎盘组织结构　牛胎盘属于上皮绒毛膜与结缔组织绒毛膜混合型，胎儿胎盘与母体胎盘联系比较紧密，这是胎衣不下发生较多的主要原因。胎盘少而大时，更易发生。

（4）其他因素　高温季节，可使怀孕期缩短，增加胎衣不下的发病率。产后子宫颈收缩过早，妨碍胎衣排出，也可以引起胎衣不下。奶牛的胎衣不下还可能与遗传有关。

【症状】　胎衣不下分为全部不下及部分不下两种。

（1）胎衣全部不下　即整个胎衣未排出来，胎儿胎盘的大部分仍与母体胎盘连接，仅见一部分已分离的胎衣悬吊于阴门之外。脱露出的部分主要为尿囊绒毛膜，呈土红色，表面有许多大小不等的胎儿子叶。严重子宫弛缓的病例，胎衣则可能全部都滞留在子宫内；有时悬吊于阴门外的胎衣可能断离。在这些情况下，只有进行阴道或子宫触诊，才能发现子宫内还有胎衣。

经过1～2天，滞留的胎衣就腐败分解，夏天腐败更快。从阴道内排出污红色恶臭液体，内含腐败的胎衣碎片，病牛卧下时排出的多。由于感染及腐败胎衣的刺激，发生急性子宫内膜炎。腐败分解产物被吸收后，出现全身症状。病牛精神不振，拱背，常常努责，体温稍高，食欲及反刍略微减少；胃肠功能紊乱，有时发生腹泻、瘤胃弛缓、积食及臌气。

（2）胎衣部分不下　即胎衣大部分已经排出，只有一部分或个别胎儿胎盘残留在子宫内，从外部不易发现。诊断的主要根据是恶露排出的时间延长，有臭味，其中含有腐烂胎衣碎片。

【预后】　一般预后良好，多数牛经过1个月左右，胎衣腐败分解，自行排尽，这和牛子宫的生理防卫能力较强有关；然而常常引起子宫内膜炎、子宫积脓等，影响以后怀孕，成为奶牛业的严重问题。故对牛的胎衣不下，也应当十分重视。

【治疗】　治疗方法很多，包括药物疗法和手术疗法两大类。首先可试行手术剥离，如有困难，则采用药物治疗；但亦有人反对应用手术剥离的方法，只主张采用药物疗法。

（1）药物疗法　产后经过12小时，如胎衣仍不排出，即应根据情况选用下列方法进行治疗。

①促进子宫收缩：肌内或皮下注射催产素最好在产后12小时内使用，超过24小时，效果不佳。此外，尚可应用麦角新碱皮下注射。

②促进胎儿胎盘与母体胎盘分离：在子宫内注入5%～10%盐水，可促使胎儿胎盘缩小，与母体胎盘分离。高渗盐水还有促进子宫收缩的作用。但注入后需注意使盐水尽可能完全排出。

③防止胎衣腐败及子宫感染，等待胎衣排出：可在子宫黏膜与胎衣之间放置土霉素或四环素粉剂，把药物装入胶囊或用水溶

性薄膜纸包好放置于两个子宫角中。也可应用其他抗生素（氟苯尼考、青霉素、链霉素）或磺胺类药物。实施子宫内治疗的同时可肌内注射催产素。

　　如子宫颈口已缩小，可先注射雌激素，如雌二醇等，使子宫颈口松软开张，便于排出积液及放置药物。且雌激素能增强子宫收缩，促进子宫的血液循环，提高子宫的抵抗力。

　　（2）手术疗法　即剥离胎衣。胎衣不下的病牛药物治疗无效时，可在子宫颈管尚未缩小到手不能通过以前（产后2～3天），进行剥离。子宫颈管收缩的速度，犏牛比奶牛快，子宫颈管内无胎衣的（胎衣全部存在于子宫内）比有胎衣的快。

　　剥离胎衣应注意的原则是：容易剥离就坚持剥，否则不可强行剥离，以免损伤子宫，引起感染；而且胎衣不能完全剥净时，其后果与不剥无异。体温升高的病畜，说明子宫已有炎症，不可进行剥离，以免炎症扩散，加重病情。对这样的病例可继续采用药物疗法。

　　①术前准备：母牛外阴部按常规消毒。术者将手臂消毒后，先擦0.1%碘化酒精加以鞣化，使保护层不易脱落，然后涂油。术者手上如有伤口，不宜进行胎衣剥离，以免感染。操作时必须穿戴长臂塑料手套、长筒靴及橡皮围裙。

　　为了避免胎衣黏附在手上，妨碍操作，可在子宫内灌入10%盐水500～1 000毫升。母牛努责强烈时，可在后海穴用普鲁卡因封闭。

　　②操作：剥离时，一手握住悬垂的胎衣并稍牵拉，一手伸入子宫内，沿宫壁或胎膜找到子叶基部，向胎盘滑动，以无名指、小指和掌心挟住胎儿胎盘周围的绒毛膜成束状，并以拇指辅助固定子叶；然后以食指及中指剥开母、子胎盘相结合的周缘，待剥离半周以上后，食指、中指两指缠绕该胎盘周围的绒毛膜，以扭转的形式将绒毛从小窦中拔出。若母子胎盘结合不牢或胎盘很小时，可不经剥离，以扭转的方式使其脱离。子宫角尖端的胎盘，

手难以达到，可握住胎衣，随病牛努责的节律轻轻牵拉，借子宫角的反射性收缩而进行剥离。

胎衣剥离完毕后，因子宫内可能尚存有胎盘碎片及腐败液体，必须用0.1%高锰酸钾、0.1%新洁尔灭或其他刺激性小的消毒溶液冲洗，清除子宫中的感染源。冲洗方法是将粗橡胶管（如马胃管、子宫洗涤管）的一端插至子宫的前下部，管的外端接上漏斗，倒入冲洗液2～4升；待漏斗内的液体快流完时，迅速把漏斗放低，借虹吸作用使子宫内的液体自行排出；有时病牛强烈努责，也能自行将子宫内液体排出。这样反复冲洗2～3次，至流出的液体基本清亮为止。冲洗完后，子宫内要放置抗生素等药物，隔天一次，连用2～3次，防止子宫感染。

子宫有明显炎症的病牛，剥离完后不宜冲洗子宫，仅将抗菌药物放入子宫即可。

③术后护理：手术剥离后数天内，要注意检查病牛有无子宫炎症及全身情况。一旦发现变化，要及时全身应用抗生素治疗。

胎衣不下的牛治愈后，可推迟1～2个发情周期配种，使子宫有足够的时间恢复。

【预防】　怀孕母牛要饲喂含钙和维生素丰富的饲料；舍饲牛要适当增加运动时间，产前1周减少精料；分娩后让母牛自己舔干犊牛身上的黏液，并尽早让犊牛吮乳或挤乳。分娩后立即注射葡萄糖酸钙溶液，或饮益母草及当归煎剂或水浸液，亦有防止胎衣不下的效用。如有条件，分娩后注射催产素，可降低胎衣不下的发病率。

104. 如何防治牛产后败血症？

由于母牛难产、胎儿腐败或助产不当引起子宫、产道损伤感染，以及胎衣不下、子宫脱出等引起局部感染，加上产后母牛虚弱、抵抗力较差，若局部感染治疗不当或不及时，就可扩散发展为全身感染并表现严重的全身症状，称为产后败血症。牛产后败血症除表现高热稽留、极度沉郁、反应迟钝、食欲废绝、反刍停止等症状外，多数病例还在四肢关节、腱鞘、肺脏、肝脏及乳房等部位发生迁移性感染病灶、脓毒败血症。急性病例，如果延误治疗，可在2～4天内死亡。但临床以亚急性病例居多，及时治疗一般均可治愈，但常遗留慢性子宫疾病或其他实质器官疾病。

【治疗】 对该病的治疗必须及时，重点注意以下三个方面：

（1）及时处理和治疗原发病灶，如子宫内膜炎、阴道炎等，消除感染源。但绝对禁止冲洗子宫，并尽量减少对子宫和阴道的刺激，以免造成感染进一步扩散，使病情恶化。为促进子宫内病理产物排出，可使用雌激素和子宫收缩药，然后向子宫内投放抗生素类药物。

（2）全身大剂量应用抗生素及磺胺类药物，如青霉素、四环素类、磺胺嘧啶、磺胺二甲基嘧啶等，连续使用，直至体温降至正常为止。

（3）为增强牛的抵抗力，促进血液内有毒病理产物排出，可进行强心、补液等对症治疗。补液时加入适量5%碳酸氢钠溶液及维生素C、复合维生素B等，以防止酸中毒，并补充所需维生素。在积极治疗的同时必须细心护理，加强饲养管理，促进康复。

【预防】 首先应加强妊娠后期母牛的饲养管理，提高抗病能力，争取顺产；严格接产及助产过程中的卫生消毒，防止生产及产后感染的发生；加强产后母牛的饲养管理和护理，及时有效地治疗产后胎衣不下、阴道及子宫感染等疾病，消除引起产后败血症的原发性因素。

105. 奶牛产后瘫痪是怎么回事，如何防治？

奶牛产后瘫痪主要发生于饲养良好的高产奶牛，而且出现于产乳量最高之时。因此，大多数发生于第3～6胎（5～9岁），但第2～11胎也有发生，初产奶牛几乎不发生此病。本病大多数发生于顺产后的头3天之内（多发生于12～48小时），少数则发生在分娩过程中。本病为散发，但在有的奶牛场发病率较高，治愈的母牛在下次分娩时还可能发生此病。

【病因】

（1）分娩后血钙浓度剧烈降低　该因素是引起本病发生的直接原因。使血钙浓度降低的因素包括：分娩前后血钙进入初乳且动用骨钙的能力降低，是引起血钙浓度急剧下降的主要原因。分娩后骨骼中能被动用的钙已不多，不能补偿产后钙的大量丧失而发病。分娩后从肠道吸收的钙量减少。

（2）饲养管理不当　由于母牛产后能量消耗很大，失水较多加之泌乳的需要，特别是初乳中的钙含量高。如果饲料配方不科学、活动不足等，母牛就会因缺钙而瘫痪。

当维生素D不足或合成障碍时，更易发生产后瘫痪。经肝、肾羟化酶作用后的活化型维生素D_3，具有骨钙溶解、释放作用和促进肠黏膜上皮细胞对钙的吸收作用。日粮中维生素D的供应不足或合成障碍，不仅妨碍肠吸收钙的能力，而且也影响到骨的溶解和释放，其结果必将导致血钙浓度的降低。

母牛产犊后，如果把乳房中的奶全部挤净，乳房内压就会显著下降，从而引起微血管渗漏现象加剧，血钙、血糖大量流失，加剧乳房水肿，导致奶牛产后瘫痪，甚至引起死亡。

（3）产后感染　母牛在产犊过程中，如果进行难产救助时不小心损伤了子宫或由于消毒不严格、污染严重引起了子宫内膜炎，也可能引发瘫痪。

（4）脑皮质缺氧　主要原因是分娩后腹腔内压降低，腹腔内器官被动充血，导致大脑皮质贫血、缺氧而导致瘫痪。分娩后血液大量进入乳腺是引起贫血、缺氧的另一重要原因。

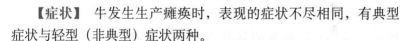

【症状】 牛发生生产瘫痪时，表现的症状不尽相同，有典型症状与轻型（非典型）症状两种。

（1）典型症状 发展很快，从开始发病至表现出症状，整个过程不超过12小时。病初通常是食欲减退或废绝，反刍、瘤胃蠕动及排粪、排尿停止，泌乳量降低；精神沉郁，表现轻度不安；不愿走动，后肢交替踏脚，后躯摇摆，好似站立不稳，四肢（有时是身体其他部分）肌肉震颤。有些病例，与以上抑制症状相反，开始时表现短暂不安，出现惊慌、哞叫、目光凝视等兴奋和敏感症状；头部及四肢肌肉痉挛，不能保持平衡。所有病例开始时鼻镜即变干燥，四肢及身体末端发凉，皮温降低，但有时可能出汗。呼吸变慢，体温正常或稍低，脉搏则无明显变化。这些初期症状持续时间不长，特别是表现抑制状态的母牛，不容易受到注意。

初期症状发生后数小时（多为1~2小时），病牛即出现瘫痪症状，后肢开始不能站立，虽然一再挣扎，但仍站不起来。由于挣扎用力，病牛全身出汗，颈部尤多，肌肉颤抖。

不久，出现意识抑制和知觉丧失的特征症状。病牛昏睡，眼睑反射微弱或消失，瞳孔散大，对光线照射无反应，皮肤对疼痛刺激亦无反应。肛门松弛，肛门反射消失。心音减弱，心率增快，可达80~120次/分钟；脉搏微弱，勉强可以摸到；呼吸深慢，听诊有啰音；有时发生喉头及舌麻痹，舌伸出口外不能自行缩回，呼吸时出现明显的喉头呼吸声。吞咽发生障碍，因而易引起异物性肺炎。

病牛以一种特殊姿势卧地，即伏卧，四肢屈于躯干之下，头向后弯到胸部一侧。用手可将头颈拉直，但一松手，又重新弯向胸部；也可将病牛的头弯至另一侧胸部，因此可以证明，头颈弯曲并非一侧肌肉痉挛所致。个别母牛卧地之后出现癫痫症状，四肢伸直并抽搐。卧地时间稍久，可能出现瘤胃臌气症状。

体温降低也是生产瘫痪的特征症状之一。病初体温仍在正常范围之内，但随着病程发展，体温逐渐下降，最低可降至35～36℃。病牛死前处于昏迷状态，死亡时毫无动静，有时注意不到死亡时间；少数病例死前有痉挛性挣扎。如果本病发生在分娩过程中，则努责和阵缩停止，不能排出胎儿。

（2）轻型（非典型）症状　本型病例所占比例较高，产前及产后很久发生的生产瘫痪也多为非典型的。其症状除瘫痪外，主要特征是头颈姿势不自然，由头部至鬐甲呈一轻度的S状弯曲。病牛精神极度沉郁，但不昏睡，食欲废绝。各种反射减弱，但不完全消失。病牛有时能勉强站立，但站立不稳，且行动困难，步态摇摆。体温一般正常或不低于37℃。

【诊断】　本病的诊断主要依据临床症状，其要点有以下几方面。

（1）高产奶牛，第3～6胎，刚分娩不久（大多数在分娩后3天之内）。

（2）神经机能障碍，精神沉郁、昏睡、知觉丧失、四肢瘫痪。

（3）病牛具有特殊的卧姿，头颈弯曲于一侧或呈S状弯曲。

（4）病牛的体温正常或降低，如果用乳房送风疗法效果良好，更可做出确诊。

【鉴别诊断】　在生产中，奶牛产后瘫痪必须与以下疾病进行鉴别诊断，防止误诊。

①产后瘫痪非典型症状与酮病区别：酮病虽然有半数左右也发生在产后数天，但它在泌乳期间的任何时间都可以发生。而且患酮病奶牛的奶、尿及呼出的气体都具有烂苹果气味，这是酮病的一种特殊症状。另外，钙疗法，特别是乳房送风疗法对酮病没有任何效果。

②与产后败血症等区别：产后败血症和由于分娩而恶化的创伤性网胃炎的有些后期症状也和奶牛产后瘫痪的症状相似，例如精神极度沉郁，卧地不起，有时头颈也向后置于胸部的一侧。但

这些病例除非临近死亡，一般都有体温升高，眼睑、肛门疼痛反射不会完全消失，注射钙剂后出现心律失常、心音增强、脉搏次数增多等现象。

③与脑膜炎鉴别：对于典型病例在发病初期的兴奋、敏感现象，必须与脑膜炎引起的神经症状或子宫捻转引起的腹痛进行鉴别，但随着病程的发展，并不难将其区分开。

【治疗】 奶牛产后瘫痪的病程发展很快，如果不及时治疗会有50%～60%的奶牛在12～48小时内死亡。在分娩过程中或产后不久（6～8小时以内）发病的奶牛，病程发展得更快，病情也较严重。个别的可在发病后数小时内死亡。如果及时治疗而且治疗得当的话，90%以上的奶牛都可以痊愈或好转。本病目前惯用的和有效的方法是静脉注射钙制剂和乳房送风疗法。

（1）静脉注射钙制剂 这是治疗奶牛产后瘫痪的基本方法。一般是静脉注射20%～25%葡萄糖酸钙溶液500毫升，也可按每50千克体重1克纯钙的剂量进行计算。注射后6～12小时如果病牛没有反应，可重复注射，但最多不能超过3次。因为如果3次不见效，证明钙疗法对此牛没有作用，而且继续注射可能发生不良后果。注射钙制剂剂量过大或注射速度过快，可导致心率增快和心律不齐，严重时还可能引起心脏传导阻滞而发生死亡。因此，注射速度必须要慢，一般以每分钟50滴左右为宜，并随时密切注意心脏情况。如果对钙疗法无反应或复发（包括反应不完全的）除了可能是由于诊断错误或其他并发症外，另外一个重要的原因是补充的钙量不足。对反应不佳或怀疑血磷及血镁浓度也降低的病例，在第二次治疗时，可以同时注射40%葡萄糖注射液、15%磷酸钠注射液及15%硫酸镁注射液各200毫升。

（2）乳房送风疗法 见本书"如何给奶牛乳房送风？"

（3）使用肾上腺皮质激素 对于用钙制剂治疗无效或效果不明显的，也可考虑应用胰岛素和肾上腺皮质激素，同时配合应用

5%碳酸氢钠注射液，效果更好。

（4）对症治疗　如注射强心剂、瘤胃穿刺放气及其他辅助治疗，但应注意严禁口服给药，以防发生异物性肺炎。

（5）加强护理　对病牛应加强护理，多加垫草，天冷时要注意保温。病牛侧卧的时间过长，要设法使其转为俯卧或将其翻转，防止发生褥疮及反刍时引起的异物性肺炎。病牛愈后初次站立时，可能仍有困难或站立不稳等，必须注意加以扶持，以防跌倒。愈后1～2天内必须尽量少挤奶，以够喂犊牛为度，以后才可逐渐将奶挤净。

（6）中药治疗　可以灌服补中益气散。

【预防】

（1）从产前2个月开始，供给低钙磷饲料，减少日粮中摄入的钙，以激活母牛甲状旁腺的机能。

（2）奶牛停止挤奶后，要减少谷物精料的饲喂量，加喂优质的干草，以防止奶牛过肥，减少难产的发生。

（3）奶牛产后严禁饮用冷水，应喝温水，最好用温热麸皮盐水汤，即用麸皮1.5～2千克、盐100～150克，加温水调制而成。也可用一些龙胆酊之类的健胃药，以保证有良好的消化功能和旺盛的食欲，有利于产后恢复。

（4）奶牛产犊后，不要立即挤奶，初挤时不要把奶挤净。正确的挤奶方法是少量多次，逐日增加，第1～2天挤出奶量的1/3～2/5，产后6天开始挤净，以防止钙从初乳中大量排出而导致血钙浓度骤然下降而导致瘫痪。

（5）在有条件的奶牛场，可在产前8天开始肌内注射维生素D_3，每天1次，直到临产。并在产前4天到1周每天加喂30克镁，以防止血钙浓度骤然下降时出现的抽搐症状。

（6）保持牛体清洁、牛舍安静，减少应激，防止瘫痪。

（7）奶牛产后应立即恢复给予高钙饲料，以保证其钙代谢

平衡。

（8）在产前7天或分娩后，立即注射钙、磷制剂，也可有效地防止本病的发生。

106. 如何及时治疗奶牛产后倒地不起症？

奶牛产后倒地不起症是发生于产后奶牛的常见病，由于产后血钙过少，产伤性麻痹，维生素、微量元素缺乏等原因而导致产后瘫痪卧地不起性疾病。临床特征是产后长期卧地不起，对钙制剂治疗无反应，知觉、意识尚存，食欲正常，爬行。而本病又是产后轻瘫的并发症，由于治疗时间的延迟，治疗药物用量不足等致使母牛卧地时间延长，原发疾病治疗之后仍不站立，引起局部缺血性坏死；母牛分娩时助产不当或瘫痪卧地，在治疗中企图挣扎站立等都可能引起腰部肌肉和神经的创伤性损伤，不仅直接造成长时间的躺卧，而且由于肌肉损伤时释放出肌红蛋白，故常伴有蛋白尿。同时由于干奶期饲喂高蛋白、高能量饲料，母牛肥胖造成肝脂肪变性，饲料在瘤胃内异常发酵过程中所产生的有毒物质会造成机体中毒。

本病多数发生于产后0~15天，无明显的季节和胎次之分，但从临床发病率来看，晚秋至初春和八月较多发生，第1胎及第4胎以上牛多见，只有第2胎少见。

【症状】 病牛食欲正常或减退，体温正常，心率正常或增加，每分钟为80~100次，有的见心搏过速或心律不齐。多数病牛频频试图站立，然而其后肢不能完全伸直，只能以部分屈曲的两后肢沿地面爬行，有的患牛两后肢向后移位而呈现出犬坐姿势或蛙腿姿势。

【诊断】 根据病后临床特征及发病时间等可以诊断，但应评估器官损害的严重性，以便判断预后和决定采取的治疗措施。因此，首先应检查肝、肾和心肌的功能，尤其应评估运动器官损伤的程度，如神经麻痹、肌肉撕裂、关节脱位、肌腱断裂、骨折，从视诊、触诊（包括直肠检查）以及牛的知觉敏感性、站立时表现、尿液检查、乳房检查等方面判断牛的器官损伤程度，同时配合血液生化检查，可有助于临床确诊。

【治疗】

（1）20%葡萄糖酸钙500毫升，盐酸毛果芸香碱5毫克，5%葡萄糖酸钠1 000毫升，10%葡萄糖1 000毫升，安钠咖3克，复合维生素B 12克，维生素C 10克，混合后一次静脉注射，每日2次。

（2）在上述处方治疗3天不能站立者，在第4天以后坚持每天上午用悬吊设施帮助病牛起立半小时以上，同时按上述处方去除盐酸毛果芸香碱，加20毫克地塞米松，静脉注射，连用3天。

（3）0.1%硝酸士的宁注射液5毫升，百会穴内注射，每日1次，连用2天。

（4）用四三一合剂对后躯部位反复涂擦，每天2次。

（5）在停止用药后，口服健胃理气类中药，辅以复合维生素B、小苏打粉等调理胃肠功能，饲喂青嫩易消化饲料。

107. 如何诊疗奶牛子宫内膜炎？

奶牛的子宫内膜炎是引起奶牛繁殖障碍的一个重要原因，也是影响奶牛生产的棘手问题之一，应予以重视。

【症状及诊断】 依其发病经过，分为急性和慢性；依其炎症性质，分为黏液脓性和纤维蛋白性。

（1）急性子宫内膜炎 主要发生在产后，由于分娩和助产中产道受到损伤或因胎衣不下、子宫脱垂、流产、子宫复旧不全等，子宫受到感染，引起子宫急性疾病。病牛出现体温升高、食欲、精神不佳，排出的恶露呈污红色，有臭味或组织碎片，或有脓性分泌物。恶露排出的时间延长（10天以上），直肠检查可感到子宫角粗大，回缩不好，壁厚，收缩反应弱或没有，炎症严重时有疼痛感。如能及时治疗，预后良好，能较快恢复繁殖能力。但如治疗延误或不当，可能造成败血症，或转变为慢性子宫内膜炎，长期屡配不孕；或可继发流产；或因脓性栓子游走于其他器官形成脓肿（如腕、跗、球关节脓性炎症）。

（2）慢性子宫内膜炎 是重点讨论的内容，多数由急性炎症转化而来，但也有一开始即为慢性炎症，主要与病原有关。病原主要是一些非特异性细菌如链球菌、葡萄球菌、大肠杆菌，此外还有棒状杆菌、单孢菌等，衣原体和支原体也可感染。在一些特异性病原感染时也可发生相应的子宫内膜炎，如布鲁氏菌、结核分枝杆菌、牛传染性鼻气管炎病毒、牛病毒性腹泻病毒等。在输精时，消毒不严，或分娩助产时不注意消毒和操作不慎，可导致这些病原感染。

常无明显的全身症状，有时体温略微升高，食欲及泌乳稍减。阴道检查，子宫颈略开张，从子宫流出透明、混浊或杂有脓性絮状渗出物。直肠检查，触感子宫松弛，宫壁增厚，收缩反应微弱，一侧或两侧子宫角稍大。有的通过临床、直肠及阴道检查，均无任何变化，仅屡配不孕，发情时从阴道流出多量不透明的黏液，子宫冲洗物静置后有沉淀物（隐性子宫内膜炎）。当脓液积蓄于子宫时（子宫蓄脓），子宫增大，宫壁增厚，感有波动，触摸无胎儿及子叶。当浆液积蓄于子宫时（子宫积液），子宫增大，宫壁变薄，感有波动，触摸无胎儿或子叶。

（3）黏液脓性子宫内膜炎 仅侵害子宫黏膜，表现体温略微升高，食欲不振，泌乳量降低，拱背、努责，常做排尿姿势，从阴道内排出黏液性或黏液脓性渗出物，卧地时排出量增大，阴门周围及尾根常黏附渗出物并干涸结痂。阴道检查，子宫颈稍微开张，有时可见脓性渗出物从子宫颈流出。直肠检查，触感一个或两个子宫角变大，宫壁变厚，收缩反应微弱，有痛感，当其中渗出物积聚多量时尚感到波动。

(4) 纤维蛋白性子宫内膜炎　不仅侵害子宫黏膜，而且侵害到子宫肌层及其血管，因而导致纤维蛋白原的大量渗出，并引起黏膜甚或肌层的坏死。表现体温升高，精神不振，食欲减退或废绝，反刍及泌乳减少或停止；常努责，从阴门流出污红色或棕黄色的恶臭渗出物，内含黏液及污白色的黏膜组织碎片，卧地时排出量增多，并常黏附于阴门周围和尾根上。将手伸入子宫，感到子宫黏膜表面粗糙。继续发展，可引起子宫穿孔或败血症。

【预后】　慢性卡他性炎经适当治疗一般都可痊愈，但生育力预后仍需谨慎，患病经久虽可临床治愈，但可能屡配不孕。隐性子宫内膜炎预后良好。子宫积水、卡他性脓性炎症，只要消除病因，有可能再受孕。但子宫内膜发生深重变化，即使受孕，也可能会流产。如炎症波及输卵管、卵巢及子宫颈，则使患牛不能再受孕。久病的慢性化脓性炎及积脓，多不易受孕。

【治疗】

(1) 急性子宫内膜炎　治疗措施主要是使用抗生素等抗菌药物做全身和子宫腔内抗感染治疗，辅以其他支持疗法。为增强子宫收缩力和防卫能力，可使用催产素和雌激素制剂。

(2) 慢性子宫内膜炎　治疗原则是恢复子宫的张力，增加子宫的血流量，促进子宫内液体排出或消除感染。

冲洗子宫对治疗慢性子宫内膜炎是行之有效的方法，在宫颈紧闭的情况下要先用雌激素制剂促使子宫颈松软、开张后，再行冲洗。患慢性子宫内膜炎时，子宫渗出物一般不多，可隔天冲洗一次，液体温度在35～45℃较好，每次用量一般为500～1 000毫升，并分次冲洗，直到排出液（回流液）清亮为止。冲洗子宫必须严格遵守消毒要求。如子宫有积水、积脓，先将积水和脓液排出后再冲洗。

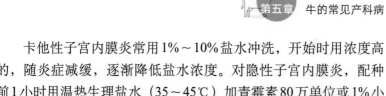

卡他性子宫内膜炎常用1%～10%盐水冲洗，开始时用浓度高的，随炎症减缓，逐渐降低盐水浓度。对隐性子宫内膜炎，配种前1小时用温热生理盐水（35～45℃）加青霉素80万单位或1%小苏打溶液冲洗子宫及阴道，可以提高受胎率。对慢性脓性子宫内膜炎，一般用0.02%～0.05%高锰酸钾、淡复方碘溶液（每100毫升溶液含复方碘溶液2～10毫升）及0.01%～0.05%新洁尔灭溶液冲洗，用高渗盐水也可。冲洗之后可向子宫腔投抗菌防腐液或直接放入抗生素胶囊，如氟苯尼考或土霉素。

慢性子宫内膜炎的治疗方法不宜笼统使用，必须在分析病牛情况、查明原因后拟订综合方案，选择好的治疗方法。一些病变深重病例，临床治疗治愈后，子宫还需修复过程，所以生育力的恢复还需等待时日。

108. 如何治疗奶牛阴道炎？

【病因】 奶牛原发性阴道炎是由于奶牛分娩或授精时造成阴道损伤后发生细菌感染引起的。继发性阴道炎常见于子宫内膜炎、子宫和阴道脱出、胎衣不下等疾病，由于粪、尿以及阴道和子宫分泌物在阴道内积聚而引起感染发炎。也有因病毒或寄生虫感染而导致的阴道炎，如牛传染性脓疱性阴道炎和滴虫性阴道炎等。

【症状】 病牛举尾、拱背、尿频、外阴肿胀，有痛感。检查可见阴道黏膜充血、肿胀，有时可见阴道出血、溃疡和糜烂，从阴道流出黏液性、脓性或者浆液性的分泌物。

【治疗】 清洗外阴部，用0.2%雷佛奴尔溶液、0.1%高锰酸钾溶液或2%氯化钠苏打溶液冲洗阴道。冲洗时，要使溶液尽量排干净，防止感染扩散。

用消毒溶液冲洗阴道后，可将20万～40万单位青霉素溶于15～25毫升0.5%普鲁卡因溶液中，注入阴道深部。也可用土霉素粉剂撒布在患处。

碘仿糊剂（由碘仿、次硝酸铋、石蜡油制成）或磺胺乳剂涂擦，可用于治疗阴道黏膜上有伪膜的病牛。但要注意，在涂擦前，不要冲洗阴道。

阴道如有严重水肿，可用5%高渗盐水（加温）冲洗。也可用25滴左右的碘酊加入100毫升的蒸馏水中冲洗。

如果渗出物为浆液性，而且量多时，可用3%鞣酸溶液或2%明矾溶液冲洗患部，具有收敛作用。

也可采用中兽医方法治疗，如用菊花、金银花、苦参等中药煎汁冲洗阴道。

【预防】

（1）在进行人工输精或自然交配时要防止损伤阴道黏膜。

（2）母牛分娩时要合理助产，防止损伤阴道黏膜。

第六章 牛的常见寄生虫病

109. 如何防治犊牛球虫病?

犊牛球虫病是由孢子虫纲中艾美耳属球虫所引起的寄生虫病。本病多发生于春、秋季。各种年龄牛均可感染,但临床症状以半岁至2岁的犊牛较为明显,死亡率为40%左右。牛通常因采食被球虫卵囊污染的饲料或饮水而感染,刚出生的犊牛常因吸入被卵囊污染的母牛乳汁而感染。球虫进入体内常寄生在大肠,特别是直肠的上皮细胞内。

【症状】 粪便呈水样,恶臭,常常有血便,粪便中的血呈鲜红色。患牛常常继发高热,胃肠机能紊乱,贫血,中枢神经系统紊乱(精神沉郁、卧地不起、昏迷)等全身症状。耳尖厥冷,食欲下降,心跳快而弱,皮毛粗乱。

【诊断】 临床上只有从粪便中查到球虫卵囊才能确诊。同时,本病必须与下列疾病相鉴别。

(1)犊牛大肠杆菌病 多发于出生后数天内的犊牛,粪便检查无球虫卵囊,脾脏肿大。

(2)副结核病 病程长,体温往往不升高,大便中或表面有血丝，副结核菌素皮内试验呈阳性。

【治疗】 可使用磺胺噻唑、金霉素、氯苯胍等药物，用法用量遵医嘱。

【预防】 尽可能使牛舍干燥、向阳。球虫对一般消毒药均不敏感，应用3%热氢氧化钠溶液对牛舍、牛床、食槽进行定期消毒。

110. 如何防治牛绦虫病？

牛绦虫病是指由寄生于牛体内的绦虫成虫或绦虫蚴引起的疾病的总称，包括莫尼茨绦虫病、曲子宫绦虫病、脑多头蚴病及棘球蚴病等。

【症状】 绦虫成虫寄生于消化道，轻度感染的无明显症状，如果感染虫体较多，则表现有明显的症状，食欲减退，腹泻与便秘交替，贫血、消瘦，粪便中常可见到乳白色的孕卵节片，镜检时可发现绦虫卵。

绦虫蚴引起的疾病，根据侵害的部位不同，临床表现也不同。寄生于牛的脑部，引起神经症状，原地转圈或强烈兴奋，有时沉郁、躺卧，有各种脑膜刺激症状；寄生于肺脏、肝脏等实质性脏器，可引起脏器炎症等表现。

【治疗】 使用氯硝柳胺或硫双二氯酚。

【预防】 幼牛成年前驱虫，成年牛预防性驱虫，一般与犊牛驱虫一起进行。消灭中间宿主地螨，可采取更换种植牧草品种、深耕土地、农作物轮作等措施。尽量避开早晨、黄昏或雨天地螨活动较强的时间放牧。

111. 如何防治牛线虫病？

牛线虫病是由多种寄生线虫寄生于牛体内引起的一类疾病的

总称，包括犊新蛔虫病、血矛线虫病、长刺线虫病、牛口线虫病、牛网尾线虫病等。

（1）犊新蛔虫病 由犊新蛔虫寄生于4~5月龄以内的犊牛小肠而引起以小肠炎、腹泻、腹痛等消化道症状为特征的寄生虫病。由于成虫的机械性刺激损伤小肠黏膜，引起黏膜出血和溃疡并继发细菌感染，从而导致肠炎；大量虫体的寄生可以引起机械堵塞、吸取营养、引起消化障碍；虫体代谢产生的毒素可引起过敏、阵发性痉挛等。

发生细菌感染时有肠炎、血便。后期病牛臀部肌肉弛缓，四肢无力，站立不稳。虫体大量寄生于肠道内，可导致肠阻塞或肠穿孔。在粪便中可通过集卵法检出蛔虫卵。

治疗可用敌百虫、阿苯达唑或伊维菌素。

（2）牛网尾线虫病 是由胎生网尾线虫寄生于牛等动物的支气管和气管内引起的、以呼吸系统症状为特征的寄生虫病。

病牛初期咳嗽，随着病程的延长，咳嗽加重，体温升高到39.5~40℃；后期食欲降低，精神不振，营养不良，逐渐消瘦。听诊肺部有湿啰音，呼吸困难。

治疗可用海群生、左旋咪唑或阿苯达唑。

112. 如何诊治牛寄生虫性眼病？

牛寄生虫性眼病又名牛眼虫病或牛吸吮线虫病，多发于温暖、潮湿、蝇类活动频繁的季节，5月开始发病，8—9月是发病高峰期，各种年龄的牛均易得病。

【症状】 由于虫体刺激，引起眼结膜角膜炎，病牛摇头不安，眼结膜潮红，角膜混浊，甚至发生溃疡，眼睑肿胀，眼分泌物增多。若继发细菌感染，可导致失明。

【诊断】 通过临床症状并仔细检查病眼，在眼内发现虫体即可确诊。

【治疗】 可用伊维菌素–奥芬达唑混悬液或伊维菌素–阿苯达唑片。

113. 如何防治牛囊尾蚴病？

牛囊尾蚴病是由牛带绦虫的幼虫囊尾蚴引起的。牛带绦虫寄生于人的小肠中，孕节随人的粪便排出，污染环境后，孕节及虫卵随不洁的饲草料进入牛体内钻入肠壁，随血液进入全身肌肉，主要寄生部位是咬肌、舌肌、心肌、肩胛肌、颈肌等肌肉（图50、图51），经10～12周变为牛囊尾蚴。牛囊尾蚴在成年牛体内一般会在9个月内死亡，终末宿主人吃生的或半生的含有囊尾蚴的牛肉而受感染。牛囊尾蚴在人的小肠内，经2～3个月发育变为牛带绦虫，其寿命可达20～30年或更长。

图50　牛骨骼肌中寄生的牛囊尾蚴，灰白色，呈小泡状（贾宁）　　图51　牛心脏寄生的牛囊尾蚴，常向外突出，呈小泡状（贾宁）

【预防】

（1）搞好人体驱虫　在牛带绦虫流行区，对当地的人群进行驱虫，以减少牛囊尾蚴的传染源。

（2）加强饲养管理　开展卫生宣传，修建厕所，对人的粪便进行无害化处理，避免人粪尿污染牛的饲料及牧场。

（3）加强牛肉检疫　对含牛囊尾蚴的肉经高温处理后再食用

或工业用。

114. 如何防治牛疥螨病？

疥螨病是疥螨寄生在动物体表而引起的慢性寄生性皮肤病，又叫疥癣、疥虫病、疥疮等，具有高度传染性，发病后往往蔓延至全群，危害十分严重。

【病原】　寄生于不同家畜的疥螨，多认为是人疥螨的一些变种，它们具有特异性。疥螨形体很小，肉眼不易见，呈龟形，背面隆起，腹面扁平，浅黄色。体背面有细横纹、锥突、圆锥形鳞片和刚毛，腹面有4对粗短的足。虫体前端有一假头（咀嚼式口器）。

【症状】　牛疥螨病开始发生于牛的面部、颈部、背部、尾根等被毛较短的部位，严重时可波及全身。剧痒是整个病程的主要症状。病情越重，痒觉越剧烈。当螨在宿主皮肤上采食和活动时，刺激神经末梢而引起痒觉。该病发痒有一个特点，即病牛进入温暖场所或运动后皮温升高时，痒觉更加剧烈。

结痂、脱毛和皮肤增厚也是疥螨病必然出现的症状。在虫体和毒素的刺激作用下，皮肤发生炎症，发痒处皮肤形成结节和水疱。由于蹭痒，导致结节、水疱破溃，流出渗出液。渗出液与脱落的上皮细胞、被毛及污垢混杂在一起，干燥后就结成痂皮。痂皮被擦破或除去后，创面有多量液体渗出及毛细血管出血，又重新结痂。随着角质层角化过度，患部脱毛，皮肤肥厚，失去弹性而形成皱褶。

消瘦也是本病的一个重要症状。由于发痒，病牛终日啃咬、摩擦和烦躁不安，影响正常的采食和休息，并使消化、吸收功能降低。加之该病又常发生在冬季，由于皮肤裸露，体温大量散失，体内蓄积的脂肪被大量消耗，因此病牛逐渐消瘦，有时继发感染，严重时衰竭死亡。

【诊断】 根据其症状表现及疾病流行情况,并刮取皮肤组织查找病原进行确诊。其方法是用经过火焰消毒的凸刃小刀,涂上50%甘油水溶液或煤油,在皮肤患部与健部交界处用力刮取皮屑,一直刮到皮肤轻微出血为止。刮取的皮屑放入10%氢氧化钾或氢氧化钠溶液中煮沸,待大部分皮屑溶解后,经沉淀取其沉渣镜检虫体。亦可直接在待检皮屑内滴少量10%氢氧化钾或氢氧化钠制片镜检,但检出率较低。无镜检条件时,可将刮取物置于平皿内,在热水上或在日光照射下加热平皿,将平皿放在黑色背景上,用放大镜仔细观察有无螨虫在皮屑间爬动。

【鉴别诊断】

(1) 与湿疹的鉴别 湿疹痒觉不剧烈,且不受环境、温度影响,无传染性,皮屑内无虫体。

(2) 与秃毛癣的鉴别 秃毛癣患部呈圆形或椭圆形,界限明显,其上覆盖的浅黄色干痂易于剥落,痒觉不明显。镜检经10%氢氧化钾处理的毛根或皮屑,可发现癣菌的孢子或菌丝。

(3) 与虱病和毛虱病的鉴别 虱和毛虱所导致的症状有时与螨病相似,但皮肤炎症、脱落皮屑及形成痂皮程度较轻,容易发现虱与虱卵,病料中找不到螨虫。

【治疗】

(1) 注射疗法 用伊维菌素皮下注射。

(2) 涂药疗法 适合于病畜数量少、患部面积小的情况,可在任何季节应用,但每次涂药面积不得超过体表的1/3。可选用克辽林擦剂、5%敌百虫溶液、林丹、单甲脒、双甲脒、溴氰菊酯(倍特)等药物。

(3) 药浴疗法 该法适用于病畜数量多且气候温暖的季节,也是预防本病的主要方法。药液可选用0.025%~0.03%林丹乳油水溶液、0.05%蝇毒磷乳剂水溶液、0.5%~1%敌百虫水溶液、0.05%辛硫磷水溶液、0.05%双甲脒溶液等。

（4）注意事项

①为使药物有效杀灭虫体，涂擦药物时应剪除患部周围被毛，彻底清洗并除去痂皮及污物。

②药浴时，药液温度应按药物种类所要求的温度予以保持，药浴时间应维持在1分钟左右，并应注意头部的浸浴。群体药浴时，应对使用的药物预先做小群安全试验，浴前饮足水，以免误饮药液。工作人员应注意自身安全防护。

③因大部分药物对疥螨的虫卵无杀灭作用，治疗时可根据情况重复用药2～3次，每次间隔5天，方能杀灭新孵出的螨虫，达到彻底治愈的目的。

【预防】　流行地区每年定期药浴，可取得预防与治疗的双重效果；加强检疫工作，对新购入的家畜应隔离检查后再混群；经常保持圈舍卫生、干燥和通风良好，定期对圈舍和用具清扫和消毒；对患牛应及时治疗，可疑患牛应隔离饲养；治疗期间，应注意对饲养管理人员、圈舍、用具同时进行消毒，以免病原散布，不断出现重复感染。

115. 如何诊治牛弓形虫病？

牛弓形虫病是由弓形虫引起的人畜共患疾病。牛弓形虫病多呈隐性感染。显性感染的临床特征是高热、呼吸困难、中枢神经机能障碍、早产和流产；剖检以实质器官的灶性坏死、间质性肺炎及脑膜脑炎为特征。

【症状】　突然发病，最急性者约经36小时死亡。病牛食欲废绝，反刍停止；粪便干、黑，外附黏液和血液；流涎，眼发生结膜炎，流泪；体温升高至40～41.5℃，呈稽留热；脉搏增数，每分钟达120次；呼吸增数，每分钟达80次以上；气喘，腹式呼吸，咳嗽；肌肉震颤，腰和四肢僵硬，步态不稳，共济失调。严重者，后肢麻痹，卧地不起；腹下、四肢内侧出现紫红色斑块，体躯下部水肿；死前表现兴奋不安、吐白沫、窒息。病情较轻者，虽能康复，但可发生流产；病程较长者，可见神经症状，如昏睡、四肢划动；有的出现耳尖坏死或脱落，最后死亡。

【诊断】

（1）病原学检查

①病料直接涂片镜检：生前可取腹股沟浅淋巴结，急性死亡病例可取肺、肝、淋巴结直接抹片、染色、镜检，发现直径10～60微米的圆形或椭圆形小体可确诊。

②小鼠接种：取组织病料1∶10生理盐水悬液0.5～1.0毫升，接种于小鼠腹腔，接种后1～2周小鼠出现蜷缩、闭目、腹部膨胀、呼吸困难至死亡。腹水抹片发现滋养体可确诊。对小鼠不敏感的虫株，可以采取大剂量接种来获得虫体。

（2）血清学诊断

①染色试验：新鲜弓形虫易被碱性美蓝着色，但在有弓形虫抗体及同时含有辅助因子（致活剂）的新鲜人血清时，可使虫体胞质变性，不易被美蓝着色。血清滴度1∶8稀释时，能使50%虫体不着色，即认为阳性，1∶256视为活性感染，1∶1 024视为急性感染。通常动物感染弓形虫1周后血清滴度增高，4～6周达到高峰，以后下降并维持较长时间。

②间接血凝试验：由于本法具有快速、简易、实用及效果确实的优点，已广泛用于弓形虫病的诊断及流行病学调查。

③皮内试验：以弓形虫超声波裂解物在腹腔或耳根皮内注射，注射后24小时出现红肿反应，肿胀中央遗留一个5毫米×5毫米黑色坏死点，即为阳性。本法用于猪，认为有较高的特异性和敏感性。

（3）免疫荧光技术　取肺、淋巴结组织作触片，固定、染色、镜检。如各视野内有大量带特异性荧光的虫体，其胞质为黄绿色荧光，胞核暗而不发荧光，形态为月牙形、枣核形，即可确诊。

（4）鉴别诊断　牛弓形虫病发生在夏、秋季，表现高热、胃肠炎、瘫痪卧地，与牛流行热的症状极其相似，故应采用免疫荧光技术进行鉴别。

【治疗】 本病一旦发生，首先应将病牛隔离，全群牛进行血清学检验，了解血清抗体水平，防止垂直感染。治疗应及时，越早越好。

磺胺类药物对本病有良好疗效，如磺胺-5-甲氧嘧啶（SMD）、磺胺嘧啶（SD）、磺胺间甲氧嘧啶（SMM）。也可使用氯苯胍、二磺酰胺基-4-4-二氨基联苯砜（SDDS）等药物。

【预防】

（1）已发生过弓形虫病的牛场，应定期进行血清学检查，及时检出隐性感染牛，并进行严格隔离饲养，用磺胺类药物连续治疗，直到完全康复为止。

（2）坚持兽医防疫制度，保持牛舍、运动场的卫生，粪便经常清除并堆积发酵；牛场开展灭鼠工作，禁止养猫。

116. 如何诊治牛皮蝇蛆病？

牛皮蝇蛆病是由皮蝇（牛皮蝇和蚊皮蝇）的幼虫寄生于牛背部皮下所引起的寄生虫病，其临床特征是寄生部位形成结节、突起。

【病原】 牛皮蝇成虫外形似蜜蜂，棕褐色。夏季在牛毛上产卵，卵经4～7天孵化出幼虫，幼虫沿毛孔钻入皮肤。进入体内的幼虫移行到食道壁并寄生约6个月，再从食道壁移行到牛背部皮下，寄生约2个月。翌年春季，成熟的幼虫由皮下钻出，落地入土变成蛹，经1～2个月，蛹羽化为成虫。

【症状】 成虫产卵时，常常引起牛不安，影响休息和采食。幼虫移行至皮下，使牛疼痛、发痒。幼虫寄生在牛背部形成结节，局部增大成小瘤体，突起于皮肤表面，从中可挤出幼虫（图52、图53）。幼虫从皮下钻出后留下一小的空洞，当继发细菌感染，可形成小的脓肿，牛皮质量大大下降。大量皮蝇蛆寄生时，牛背部出现无数的突起，严重者引起贫血、消瘦、产乳量下降。

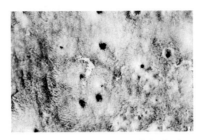

图52 牛皮蝇的幼虫在背部皮肤形成的隆包和钻出的孔洞（马学恩）

图53 牛皮蝇第三期幼虫正从隆包中钻出（马学恩）

【防治】 预防的关键是消灭成虫，防止在牛体上产卵；消灭寄生于牛体内的幼虫，切断变为成虫而继续传播的途径。

（1）加强灭蝇工作 夏季对牛舍、运动场定期用除虫菊酯、滴滴涕等灭蝇剂喷雾。也可用4%～5%滴滴涕对牛体喷洒，每隔10天喷洒一次，可杀死产卵的成虫。

（2）保持牛体卫生 经常刷拭牛体，保持牛体卫生。当发现背部有结节时，可用2%敌百虫溶液洗擦背部，间隔10～20天洗擦一次；如结节较软，可用手指挤出幼虫，用亚胺硫磷乳油洗擦背部。

（3）消灭进入体内的幼虫 当怀疑有本病时，为预防幼虫在体内寄生，可肌内注射倍硫磷、蝇毒磷。

117. 如何防治牛片形吸虫病？

片形吸虫病是牛的主要寄生虫病之一。片形吸虫寄生于反刍家畜的肝脏胆管中，可引起急性或慢性肝炎和胆管炎，能导致全身性中毒和营养障碍，危害相当严重，尤其是犊牛，可大批死亡。牛患本病后，耕作能力下降，奶牛产乳量减少，给畜牧业带来很大损失。本病呈地方性流行，在低洼、沼泽地带放牧的牲畜多发，流行时期多在秋季。

【病原】 片形吸虫的成虫在动物的胆管内排出大量虫卵，并随胆汁进入消化道，随粪便排出体外。其卵经毛蚴、尾蚴，形成囊蚴，最后在牛腹腔、胆管中发育为成虫。

【症状】 轻度感染常常不见症状。严重感染时，在幼虫移行阶段患牛可突然死亡。有的病初表现体温升高，精神沉郁，食欲减退，衰弱离群，迅速发生贫血、肝区疼痛、腹水，严重者可在几天内死亡。成虫在胆管寄生阶段时，多表现慢性经过，其特点是逐渐消瘦、贫血、低蛋白血症。患牛表现高度消瘦，黏膜苍白，眼睑、颌下及胸下水肿，腹腔积水，终因恶病质而死亡。

【防治】 驱除牛体内的片形吸虫，有效的药物有硫双二氯酚、硝氯酚、四氯化碳等。

要预防本病，主要应做好以下几方面的工作：

（1）及时驱虫 本病的传播主要源于病畜和带虫者，因此驱虫不仅是治疗措施，也是积极的预防措施。在我国北方地区，每年应在秋末冬初和冬末春初驱虫两次；南方地区终年放牧，可进行三次预防性驱虫。

（2）粪便处理 畜舍内的粪便应每天清除，对驱虫后排出的粪便和虫体应严格处理。

（3）消灭中间宿主 在放牧地区消灭椎实螺，最好结合兴修水利设施和改造低洼地等措施进行，以改变螺的生活条件。此外，还可以用化学药物血防67和硫酸铜等灭螺。施药的方法可分浸杀和喷杀两种。也可饲养水禽灭螺。

（4）注意饮水和饲草卫生 片形吸虫病多流行于低洼而潮湿的地区。牛在吃草或饮水时最易吞入有囊蚴附着的草料，因此应尽可能选择地势较高、干燥的地区放牧。牛最好饮用自来水、井水或流动的河水，并保持水源清洁，以预防感染。

第七章

牛常见中毒病及其他疾病

118. 如何诊治牛瘤胃酸中毒？

瘤胃酸中毒是由于大量饲喂碳水化合物饲料，致使乳酸在瘤胃中蓄积而引起的全身代谢紊乱性疾病。病牛以消化紊乱、瘫痪和休克为特征。

【病因】 主要是过食碳水化合物饲料如小麦、玉米、黑麦及块根类饲料如甜菜、白薯、马铃薯。造成过食的原因主要有：

（1）为了能使奶牛下胎高产，片面认为精料多、妊娠牛膘情好就能高产，临产奶牛入产房后不限精料饲喂量。

（2）添料不均，偏饲高产牛；青饲料饲喂量过大，粗饲料（干草）品质低劣，进食不足。

此外，临产牛、高产牛抵抗力差，寒冷、气候骤变、分娩等应激因素都可促使本病的发生。

【症状】 最急性型通常无明显前驱症状，常于采食后3～5小时死亡。急性型病牛，步态不稳，不愿行走，呼吸急促，心跳增快至100次/分钟以上，气喘，往往在发现症状后1～2小时内死亡。死前张口吐舌，高声哞叫，甩头蹬腿，卧地不起，从口内流出泡沫状含血液体。

亚急性型病牛，食欲废绝，精神沉郁，呆立，不愿行走，或行走时步态蹒跚，眼窝凹陷，肌肉震颤。病情加重者，病牛瘫痪卧地，初能抬头，很快呈躺卧姿势，头平放于地，并向背侧弯曲，呈角弓反张样，呻吟，磨牙，兴奋摔头，四肢直伸，来回摆动。后沉郁，全身不动，眼睑闭合，呈昏睡状（图54、图55）。粪便稀薄呈黄褐色、黑色，内含血液，无尿或少尿。体温多数正常，偶有轻微升高（39.5℃），心跳正常，重病例增至120次/分钟以上。伴有肺水肿者，有气喘。

图54 犊牛过食牛奶引起的瘤胃酸中毒，卧地不起，因缺氧而张口呼吸（赵宝玉）

图55 过食玉米引起的瘤胃酸中毒，病牛卧地不起，回头顾腹，眼球下陷（赵宝玉）

血液检查见血容量、白细胞总数升高，核左移。血液生化检查，二氧化碳结合力下降至11.23毫摩尔/升，血糖浓度下降为2.7毫摩尔/升以下，A/G（肝功能检测中的白球蛋白比例）<1.25，血浆平均渗透压为744.5千帕/升。

病理变化主要是咽、喉、气管黏膜充血；肺淤血和水肿；心肌水肿；瘤胃黏膜水肿，皱胃黏膜脱落、坏死，黏膜下水肿；肝水肿和脂肪变性；肾水肿；脑膜充血，脑血管、神经周围水肿。

【防治】

(1) 预防 严格控制精料饲喂量，日粮供应要合理，精粗比要平衡，严禁为追求乳产量而过分增加精料饲喂量。根据奶牛分娩后本病发病多的特点，应加强干奶牛的饲养。干奶期应以粗料为主，精料以每天4千克为宜；为防止干奶牛抢食过多精料，可采用干奶期集中饲养法；日粮中增加2%碳酸氢钠、0.8%氧化镁或2%硅酸钠（按混合料量计）；牛每天运动1～2小时；对产前产后牛应加强健康检查，随时观察牛的异常表现并尽早治疗。

（2）治疗　原则是补液、补糖、补碱，增加血容量，促进血液循环，防止或缓解酸中毒。

①5%葡萄糖生理盐水3 000～5 000毫升，5%碳酸氢钠溶液500～1 000毫升，安钠咖2克，一次静脉注射。

②山梨醇或甘露醇300～500毫升，一次静脉注射。

③庆大霉素100万单位，一次肌内注射，每日2次。四环素250万单位，一次静脉注射。

④洗胃疗法：向瘤胃中灌入常水后，再将其导出。

⑤瘤胃切开术：适用于病情轻、尚能站立的病牛。切开瘤胃，取出内容物，以降低其酸度。

119. 如何防治牛氢氰酸中毒？

牛氢氰酸中毒是由于食入含有氰苷配糖体的植物和青饲料（如桃、李、梅、杏、枇杷、樱桃等植物的茎、嫩叶、种子，亚麻叶、亚麻籽、亚麻饼，尤其是与奶牛饲养关系密切的苏丹草、红三叶草、高粱苗、玉米苗等）所致。上述植物遭霜冻后，可释放出游离的氢氰酸，牛采食后可发生中毒。此外，误食氰化钾、氰化钠、腈酰胺钙等氰化物农药，也可引起氢氰酸中毒。

【症状】　牛在采食中或采食后半小时左右突然发病，表现瘤胃臌气，口角流出大量白色泡沫。可视黏膜鲜红色，呼吸极度困难，抬头伸颈，张口喘息，呼出气有苦杏仁味。体温正常或低下。以后则精神沉郁，全身衰弱无力，卧地不起。结膜发绀，血液暗红。瞳孔散大，眼球和肌肉震颤，反射机能减弱，迅速窒息而死亡。

【治疗】　应立即用亚硝酸钠3克、硫代硫酸钠20～30克，溶解在300毫升灭菌蒸馏水中，一次静脉注射，必要时可重复注射。在抢救氢氰酸中毒时，最好先静脉注射1%亚硝酸钠注射液，经2～3分钟后，再静脉注射10%硫代硫酸钠注射液。如无亚硝酸盐，可用美蓝代替。为阻止胃肠内氢氰酸的吸收，可内服或瘤胃内注入硫代硫酸钠，也可用0.1%高锰酸钾液洗胃。

【预防】　禁止用高粱和玉米幼苗喂牛，对怀疑含有氰苷配糖体的青嫩草或饲料，应经过流水浸渍24小时以上再喂。如用亚麻籽饼作为饲料时，必须彻底煮沸，且饲喂量不宜过多。防止误食氰化物农药。

120. 如何防治牛硝酸盐和亚硝酸盐中毒？

牛硝酸盐和亚硝酸盐中毒主要是由于饲喂或采食了富含硝酸盐的草料。饲草和饲料中富含硝酸盐的主要原因有：

（1）在肥沃的或施用家畜粪尿及氮肥的土地上生长的饲草和饲料作物；处于生长早期阶段的禾本科作物。

（2）日照不足（阴雨天）以及土壤中铁、铜、钼、磷、硫、锰等元素缺乏时，植物的光合作用受到影响，其中硝酸盐不能转化为氨基酸，从而导致硝酸盐蓄积量增多。

（3）施用除莠剂过后，植物中硝酸盐含量相应地增加。

（4）饲料搭配不当，尤其是碳水化合物比例不足时，则易使饲料中的硝酸盐变为亚硝酸盐。

【症状】　连续几天或更多时间饲喂富含硝酸盐饲草和饲料的牛群，多数无任何征兆就突发中毒（一般在采食过后2～4小时发病居多），病程短暂，结局又多为急性死亡。大群饲养的牛，往往有几头牛同时发病，但在症状上却因个体差异而略有不同。

病牛精神沉郁，茫然呆立，不爱走动，当强迫运动时步态蹒跚、不稳。食欲不振，甚至废绝，反刍停止，嗳气也大大减少，伴发程度不同的瘤胃臌气，口角流出大量涎水（混有泡沫），磨牙，呻吟。尿量减少而尿频，同时呈现腹痛、腹泻等症状。重症病牛全身肌肉震颤，四肢无力，不能站立，多被迫躺卧地上，在陷入虚脱状态后1～2小时内死亡。体温一般无明显变化，有的体温降低，呼吸浅表、促迫，进而呈现呼吸困难。心搏动增强，脉搏170次/分钟，细而弱。颈静脉怒张，可视黏膜发绀，乳房和乳头呈淡紫或苍白色（贫血性），妊娠母牛多发生流产。

【诊断】 根据病史调查、临床症状观察，以及实验室检验的结果可建立病性诊断。

（1）血液学变化 血凝不全，呈巧克力色，红、白细胞数增多，血红蛋白含量升高。淋巴细胞数减少，中性粒细胞数增多。血氧分压（PO_2）降低（死亡病牛降低到60%以下）。血液中硝酸盐、亚硝酸盐以及高铁血红蛋白等含量均增多，随病情发展三者间呈平行地增减。血氨、血糖浓度也升高。

（2）尿液变化 尿蛋白、尿糖检验均呈阴性。

本病应与尿素中毒、氢氰酸中毒以及有机磷农药中毒等相区分。

【治疗】 只要做到及早确诊、及时合理地治疗，即使重症病例也可望康复。但延误治疗时机的结局多半是死亡。

药物治疗多用美蓝（亚甲蓝），用生理盐水或5%葡萄糖溶液制成4%美蓝注射液，按每千克体重9毫克，静脉注射。也可用甲苯胺蓝，每千克体重5毫克，配成5%甲苯胺蓝注射液，肌内或静脉注射。维生素C具有使高铁血红蛋白还原为低铁血红蛋白的效果，每千克体重5～20毫克，静脉注射。此外，还可进行对症治疗，如使用尼可刹米、樟脑油等药物，酌情分别用于兴奋呼吸中枢和强心等治疗目的。

【预防】 关键是清除所有含硝酸盐成分的饲草和饲料，并有效制止硝酸盐转化为亚硝酸盐的过程。

（1）在种植饲草或饲料作物的土地上，限制施用家畜的粪尿和氮肥，以减少其中的硝酸盐含量。

（2）对含有硝酸盐的饲料，在饲喂量上要严格控制，或只饲喂硝酸盐含量低的作物（禾本科牧草除外）或谷实部分，或与无硝酸盐饲料混饲。病牛或体质虚弱的犊牛，禁止饲喂上述草料更为安全。

（3）饲喂富含碳水化合物成分的饲料时，应添加碘盐和维生素 D、维生素 D 制剂。

121. 如何诊治牛有机磷农药中毒？

牛有机磷农药中毒是由于牛接触、吸入或误食某种有机磷农药所引起的一种中毒病。临床上以体内胆碱酯酶活性被钝化，乙酰胆碱蓄积而出现胆碱能神经兴奋效应为特征。

【病因】　能引起中毒的有机磷农药主要有甲拌磷、对硫磷和内吸磷，其次是乐果、敌百虫和马拉硫磷。有机磷农药可经消化道、呼吸道或皮肤进入机体而引起中毒。误食可发生于下列情况：误食撒布有机磷农药的青草、庄稼，或误饮撒药地区附近的地面水；配制或撒布药剂时，粉末或雾滴沾染附近或下风方向的牛舍、运动场、草料、饮水，被牛舔吮、采食或吸入；误把配制农药的容器当作饲槽、水桶而用于牛；用药不当，如滥用有机磷农药治疗外寄生虫病，超量灌服敌百虫用于胃肠驱虫或治疗完全阻塞的肠便秘。

【症状】　牛食入或接触有机磷农药后数小时内突然出现急性中毒症状。病初精神兴奋，狂躁不安，向前猛冲，向后暴退，无目的奔跑，以后高度沉郁，甚至倒地昏睡。瞳孔缩小，严重者成一线状。肌肉痉挛，先自眼睑、颜面部肌肉开始，以后逐渐至全身肌肉。四肢肌肉痉挛时，病牛站立时频频踏步，躺卧时做游泳样动作。

先在胸前、会阴、阴囊周围出汗，而后全身出汗。体温多升高，呼吸困难，牛常张口呼吸。心跳急速，脉搏细弱，甚至不感于手。血液中胆碱酯酶活性降低，一般降到50%以下，严重的中毒则降到30%以下。

口腔湿润或流涎，食欲大减或废绝，腹痛不安，肠音高朗连绵不断，排稀薄水样粪便，甚而排粪失禁，有时粪内混有黏液或血液。重症后期，肠音减弱或消失，并伴发膨胀。

【诊断】 根据有接触有机磷农药的病史，结合神经症状和消化系统症状，进行综合分析可以建立初步诊断。确诊需要进行胆碱酯酶活力测定和毒物检验。

【治疗】 立即实施特效解毒，然后尽快除去尚未吸收的毒物。

实施特效解毒需同时用胆碱酯酶复活剂和乙酰胆碱对抗剂，才有确实疗效。常用的胆碱酯酶复活剂有解磷定、氯磷定、双解磷、双复磷等。解磷定、氯磷定剂量为每千克体重10～39毫克，用生理盐水配成2.5%～5%溶液，缓慢静脉注射，以后每隔2～3小时注射一次，剂量减半，直至症状缓解。双解磷和双复磷的剂量为解磷定的一半，用法相同。

常用的乙酰胆碱对抗剂是硫酸阿托品，一次用量牛为每千克体重0.25毫克，皮下或肌内注射。经1～2小时症状未见减轻的，可减量重复应用，直到出现所谓阿托品化状态（即口腔干燥、出汗停止、瞳孔散大、心跳加快等）。

除去尚未吸收的毒物，经皮肤中毒的可用5%石灰水、0.5%氢氧化钠溶液或肥皂水洗刷皮肤；经消化道中毒的，可用2%～3%碳酸氢钠溶液或食盐溶液洗胃，并灌服活性炭。但需注意，敌百虫中毒不能用碱性液体洗胃和清洗皮肤，否则敌百虫会转变成毒性更强的敌敌畏。

122. 如何诊治牛棉籽饼中毒?

【病因】 棉籽饼含蛋白质33%～40%,可作为牛的蛋白质饲料。棉籽中含有一种有毒棉酚,棉酚与蛋白质、氨基酸、磷脂等结合而生成结合棉酚,毒性消失,未与上述物质结合的游离棉酚,因其具有活性羟基和醛基而呈现毒性作用。所以棉籽饼经过加工调制、加热、浸泡等处理,其毒性减小而变成无害。目前认为,犊牛阶段因其瘤胃发育不全,故对棉酚有一定的易感性;成年牛瘤胃已发育完全,棉酚在瘤胃中能被细菌和瘤胃可溶性蛋白质结合,形成结合棉酚而丧失毒性。

根据上述分析,引起棉籽饼中毒的原因是:对犊牛,长期饲喂未经加工调制的棉籽饼,棉酚在体内蓄积。对成年牛,日粮不全、蛋白质水平低、维生素A缺乏或不足以及长期大量饲喂棉籽饼。

【症状】

(1) 急性中毒 病牛食欲废绝,反刍停止,瘤胃弛缓或积食,呻吟,心跳增至100次/分钟,心音微弱,黏膜发绀。初便秘,后腹泻,有的呈兴奋不安,运动失去平衡,全身肌肉颤抖,脱水,眼凹陷。经2～3天,死亡率达30%左右。

(2) 慢性中毒 消化紊乱,食欲减少,尿频,消瘦,有夜盲症、尿石症,有的继发呼吸道炎症及慢性增生性肝炎,呼吸急促,贫血,黄疸,妊娠母牛流产。公牛经常举尾,频频做排尿姿势,尿淋漓或尿闭,尿液混浊呈红色。

【诊断】 根据病史、饲料调查、临床症状等综合分析可以初步确诊。实验室检验,尿液呈碱性,比重为1.025,尿中有血红蛋白和尿蓝母;血液变化是红细胞数减少,血红蛋白含量降低,中性粒细胞增多。

【治疗】 棉籽饼中毒后尚无特效疗法,主要是对症治疗。

（1）5%葡萄糖生理盐水或复方氯化钠溶液5 000～10 000毫升，分2～3次静脉注射。每次可加入5%碳酸氢钠溶液500毫升或11.2%乳酸钠溶液200～400毫升，静脉注射。

（2）洗胃，用常水、生理盐水注入瘤胃后，再将其由胃内导出。

（3）投服泻剂，硫酸镁500～1 000克，加水配成10%溶液，一次灌服；0.1%高锰酸钾溶液1 000～2 000毫升，一次灌服。

【预防】

（1）棉籽饼应经去毒处理后再饲喂。由于加工方法不同，棉籽饼中游离棉酚含量不同，水压榨法含0.04%～0.22%，螺旋压榨法含0.03%～0.08%，压后浸提法含0.02%～0.05%，直接浸提法含0.05%～0.6%。当低于0.02%时，其毒性消失。经水煮后可去毒75.5%，故应经加热、浸泡处理。浸泡液可用1.5%绿矾溶液，浸泡3～4小时；2%石灰水、1%氢氧化钠、2.5%碳酸氢钠溶液，浸泡一夜。

（2）在长期饲喂棉籽饼时，要注意日粮配合。饲料要多样化，可与青绿饲料、胡萝卜搭配，特别要注意维生素A、钙及硫酸亚铁的供给。

（3）严格控制喂量，按日粮精料计算，棉籽饼饲喂量以5%～15%为宜。为防止蓄积中毒，饲喂一段时间后，应停喂一段时间后再喂。

（4）某些生理阶段的牛不能喂棉籽饼。不同生理阶段的牛对棉酚敏感性不同，哺乳期犊牛、断奶前犊牛和妊娠牛对过食棉籽饼较为敏感，所以最好不喂。

123. 如何治疗牛马铃薯中毒？

【症状】 牛马铃薯中毒根据食入有毒马铃薯数量的不同，表现出程度不同的中毒症状。

（1）中毒较轻或慢性中毒　有胃肠炎症状，腹痛、膨胀、便秘、腹泻，有的甚至出现便血现象。病牛精神不振，流泪，嗜睡；口唇周围、阴道、肛门、乳房、尾部和四肢等部位的皮肤有湿疹或水疱性皮炎。

（2）重度中毒　病牛表现兴奋、冲撞，接着有精神沉郁、行动摇摆、后躯无力、运动失调、步态不稳、四肢麻痹等症状。病牛还伴有呼吸无力、心力衰竭、腹痛、呕吐、气喘等症状，最后心力衰竭而死亡。

【治疗】　采用中西医结合疗法。

（1）西医疗法

①用0.1%高锰酸钾溶液或者鞣酸溶液洗胃，排出胃肠内的毒物，再用食盐或食用油灌服催泻。

②用硫酸钠600克，加水后内服，促进排泄。

（2）中医疗法

①灌服食醋，每次600～1 800毫升。

②用浓茶水4 000克洗胃。

③藜芦根8克，煎汁晾凉后灌服。

124. 如何防治牛霉草料中毒？

【病因】　牧草保存不善，常会发霉变质，尤其是夏秋季堆垛时遭遇连续阴雨天气，草垛的中心和底部常生长大量霉菌，牛食入这种草料，就会出现中毒症状。引起牛中毒的主要是镰刀菌毒素。镰刀菌可以寄生在稻草、麦秸、甘薯秧、花生秧、多种牧草等草料上。

【防治】

（1）取用草垛底部的牧草时要注意检查，尤其是春雨绵绵时节，更需细心，发现结块霉烂的草料，应及早抛弃。

（2）注意观察牛群，发现有牛出现肢蹄部病变时，应细心检查，若确定属于发霉牧草中毒，应改用优质干草，同时补饲白菜、萝卜、胡萝卜等，以补充维生素，增进食欲。

（3）及时治疗病牛。发病初期，为促进血液循环，应热敷患肢，每天2～3次，每次30分钟。将白胡椒面20～30克与白酒200～300毫升混合后，一次灌服。对皮肤破溃者，要及时使用0.1%新洁尔灭溶液清洗创面，撒布外用磺胺药，也可配合使用抗生素进行治疗。为了促进肉芽组织及上皮增生，加快疮口愈合，可用红霉素软膏涂敷患部，每天1～2次。病情严重者，可静脉注射5%葡萄糖溶液1 000～2 000毫升，配合使用20～40毫升10%维生素C溶液。

125. 牛酒糟中毒如何急救？

不少养殖户都购进了酿酒设备，以便把原粮加工成白酒，再用酒糟饲喂牛，这种做法虽然可提高经济效益，但如果酒糟保管不当，露天堆放，酸化发酵速度快，很可能会发生牛酒糟中毒。

牛酒糟中毒的急救方法如下：

（1）立即停喂酒糟，改喂优质干草和精料，并加强护理，根据不同病情而对症治疗。

（2）对重症牛进行治疗。

①用10～20毫米内径的胃管洗胃。10%维生素C溶液50毫升、安钠咖注射液20毫升、25%葡萄糖溶液3 000毫升，每6小时静脉滴注一次。

②5%碳酸氢钠溶液300毫升、10%葡萄糖溶液2 000毫升，每8小时静脉注射一次。

（3）对轻症牛，用硫代硫酸钠溶液静脉注射，同时内服人工盐300克、碳酸氢钠120克。

126. 如何治疗牛烂红薯中毒？

【症状】 重度中毒后牛食欲废绝，反刍停止，全身颤抖，呼吸困难，呼吸数达80～90次/分钟。病牛张口伸舌，并有大量泡沫样唾液，在1～3天内窒息而死。轻度中毒临床症状表现较轻，只有轻微的呼吸困难和腹泻，一般对症治疗后即可痊愈。

【病变】 血液呈暗褐色，心外膜、胸膜有出血点，肺有间质性气肿并伴有轻度水肿。

【诊断】 根据病史、临床症状可以做出诊断。诊断时需注意与牛传染性胸膜肺炎、牛巴氏杆菌病相区别。

【治疗】

（1）用3%过氧化氢溶液125毫升加入5%葡萄糖生理盐水500毫升，缓慢静脉注射。

（2）用5%葡萄糖生理盐水500毫升加入维生素C 10克（第二次及巩固量为5克），静脉注射。

（3）50%葡萄糖注射液200毫升，静脉注射。

（4）葡萄糖酸钙25克加入500毫升糖盐水中，静脉注射。

用以上方法治疗后10小时左右症状有所减轻。第二天重复用药1次，第三天巩固治疗1次。

127. 如何防治牛尿素中毒？

尿素为一种非蛋白质含氮物，可作为反刍动物的饲料添加剂使用，但若补饲不当或用量过大，则可导致中毒。发病常因尿素保管不当，被牛大量偷食，或误作食盐使用所致。此外，用尿素饲喂牛的量，成年牛应控制在每天200～300克，且在饲喂时，尿素的饲喂量应由少到多逐渐增加，若初次即突然按规定量喂牛，则易发生中毒。此外，在施用了尿素的草场上放牧，或含氮量较高的化肥（如硝酸铵、硫酸铵等）保管不善被牛误食也可导致牛中毒。日粮中豆科饲料比例过高、肝功能紊乱等，可成为发病的诱因。

【症状】 牛过量采食尿素后30~60分钟即可发病。病初表现不安，呻吟，流涎，口炎，整个口唇周围沾满唾液和泡沫。肌肉震颤，体躯摇晃，步态不稳。瘤胃蠕动减弱、臌气，全身强直性痉挛。呼吸困难，阵发性咳嗽，肺部听诊有显著的湿啰音。脉搏增数，心跳加快。病末期，患牛高度呼吸困难，从口角流出大量泡沫样涎水，肛门松弛，排粪失禁，尿淋漓，皮温不整，瞳孔散大，最后窒息死亡。

【治疗】 可立即灌服1%~3%醋酸3 000毫升，糖250~500克，常水1 000毫升；或食醋500毫升，加水1 000毫升，内服。也可用10%葡萄糖酸钙200~400毫升，或10%硫代硫酸钠液100~200毫升，静脉注射。另外，可用樟脑磺酸钠注射液10~20毫升皮下或肌内注射，进行强心治疗；三溴合剂200~300毫升灌服，进行镇静治疗。对瘤胃臌气的病牛，可进行瘤胃穿刺放气。继发上呼吸道、肺感染的病牛，可用抗生素治疗。

【预防】 用尿素作为饲料添加剂时，不应超量，在饲喂方式上应由少到多，不间断饲喂。尿素以拌在饲料中喂较好，不能溶于水饮服或单喂，喂后2小时内不能饮水。如日粮中蛋白质已足够，不必加喂尿素。犊牛不宜饲喂尿素。尿素类化肥要加强保管，安全使用，防止被牛偷食或误食。

128. 如何防治牛中暑？

中暑是日射病和热射病的总称。在炎热季节，牛的头部受到强烈日光的直接照射，引起脑实质的急性病变，称为日射病；在潮湿闷热的环境中，机体散热困难，引起中枢神经系统机能紊乱，称为热射病。

【症状】　中暑通常在酷暑或环境高湿时突然发病。病牛精神沉郁或兴奋，运步缓慢，体躯摇晃，步样不稳。全身出汗，体温42℃以上，脉搏100次/分钟以上。呼吸高度困难，张口呼吸，呼吸数达80次/分钟以上。肺泡呼吸音粗厉。结膜潮红，食欲废绝，饮欲增进。后期，高热昏迷，卧地不起，肌肉震颤，意识丧失，口吐白沫，痉挛而死。

【治疗】　应立即将病牛放于阴凉通风处，用冷水泼身或灌肠，勤饮凉水。用2.5%氯丙嗪10～20毫升，肌内注射或静脉滴注。当体温降至39℃时，即停止降温。然后进行对症治疗，为纠正酸中毒，可静脉注射5%碳酸氢钠500～1 000毫升；为降低颅内压可静脉注射20%甘露醇500～1 000毫升或50%葡萄糖300～500毫升；当病牛兴奋不安时，可静脉注射安溴注射液100毫升。

【预防】　在炎热季节，应早晚干活，中午休息；使役时应多休息，勤饮水；在烈日下作业，应有遮挡设施。厩舍应宽敞，通风良好。用车、船运输牛时，不可过于拥挤。

129. 如何治疗母牛肥胖综合征？

母牛肥胖综合征实质上是母牛长期营养失调后又受产犊应激反应影响所引起的代谢紊乱。该病发病后往往难以治疗，必须采取综合防治措施。

【病因】　主要是因为饲养管理不当造成的，例如饲料品种单一，采食精料过多，粗饲料缺乏，运动不足等；混群饲养，日粮未按不同生理阶段进行调整；母牛在干奶期饲料能量过高，引起消化、代谢、生殖等功能紊乱失调。

【症状】　根据临床症状可分为急性型和亚急性型两种。

（1）急性型　随分娩而发病。病牛食欲废绝，少乳或无乳，可视黏膜发绀、黄染，体温升高至39.5～40℃，步态僵直，目光呆滞，对外界反应微弱。有腹泻症状的，排黄色恶臭稀粪，对药物无反应，发病2～3天后卧地不起，甚至死亡。

（2）亚急性型　多于分娩后3天发病，主要表现酮病。病牛食欲降低或废绝，产乳量骤减，粪少而干，尿具酮味，酮体反应呈阳性，伴有乳腺炎、胎衣不下、子宫弛缓，产道内积有多量褐色腐臭恶露，药物治疗无效，卧地不起，呻吟、磨牙。

【防治】　以预防为主，采取综合防治措施。

（1）加强饲养管理，供应平衡日粮　干奶牛限制精料饲喂量，增加干草饲喂量。分群饲养，将干奶牛与泌乳牛分开饲喂。

（2）加强母牛的健康检查　加强产前、产后母牛的健康检查，建立酮体监测制度，提早发现病牛。凡酮体反应呈阳性者，立即治疗。定期补糖、补钙，对年老、高产、食欲不振和有酮病史的母牛，于产前1周静脉注射20%葡萄糖溶液和20%葡萄糖酸钙溶液各500毫升，1～3次。

（3）及时配种　及时给母牛配种，不漏掉发情牛，提高母牛受胎率，防止奶牛干奶期过长而导致肥胖。

（4）药物治疗　药物治疗的目的是抑制脂肪分解，减少脂肪酸在肝中的积存，加速脂肪的分解利用，防止并发酮病，其原则是解毒、保肝、补糖。每头牛可用50%葡萄糖溶液500～1 000毫升进行静脉注射，或用50%右旋糖酐静脉注射，第一次1 500毫升，后改为500毫升，每天2～3次。也可用烟酸口服，每头牛每次12～15克，每天1次，连服3～5天。还可用丙二醇口服，每头牛每次170～342克，每天2次，连服10天。防止继发感染可使用广谱抗生素，如金霉素或四环素200万～250万单位，一次静脉注射，每日2次。

130. 如何诊治牛青草搐搦？

青草搐搦是反刍动物放牧于幼嫩青草地或谷苗地之后不久而

突然发生的一种低血镁症。奶牛生产瘫痪时可并发此症。在大群放牧牛中，发病率可能只占0.5%～2%，但死亡率可超过7%。

【诊断】 急性病例表现神态不安，离群独处，停止采食，过敏及明显的神经病征。背、颈和四肢震颤，牙关紧闭，牙齿磨动，头向一侧呈反张姿势；眼球震颤，耳竖立，尾肌及后肢呈强直性痉挛，然后发展成全身性痉挛。对刺激反应增强，易兴奋或奔跑，不久倒地、滚转，状如破伤风。

亚急性病例，呈恐惧状，头部往往高举，面部、眼、耳纤维性震颤，四肢频繁运动或僵直，突闻闹声或搬移畜体时，出现明显颤抖、搐搦或惊厥，直到卧地后才停止。患牛有时凶猛，有时安静倒卧。卧地时呈类似生产瘫痪姿势。

慢性型病例，病初无异常，食欲和泌乳量减少，面部可能出现古怪表现及微弱的肌肉震颤，行为稍有异常。这种状态可消失，但可能突然转为急性型。

【治疗】 一般认为，反刍动物在饲养或放牧中，镁通常是丰富的；但在肠道吸收镁能力降低和控制镁代谢能力丧失时，加上青草中镁含量不足而钾含量很高时，就可能发生本病。在干物质日粮中，至少应含镁0.2%，如不知其含量，可在母牛日粮中补充40克镁（相当于60克氧化镁或120克碳酸镁中的含镁量）。但应注意，过多地食入镁，特别是硫酸镁，可引起腹泻。

一般对奶牛的治疗措施是将氯化钙35克、氯化镁15克，溶在1 000毫升注射用水中，缓缓静脉注射。如果无效，改用25%硼酸葡萄糖酸钙注射液500毫升，然后加20%硫酸镁（或氯化镁、乳酸镁）溶液200～400毫升，缓慢静脉注射。

131. 如何防治牛维生素A缺乏症？

植物中的维生素A主要以维生素A原（胡萝卜素）的形式而

存在的。在各种青绿饲料包括发酵的青绿饲料在内，特别是青干草、胡萝卜、南瓜、黄玉米中，都含有丰富的维生素A原，维生素A原能转变成维生素A。但在棉籽、亚麻籽、萝卜、马铃薯、甜菜根中，几乎不含维生素A原。犊牛腹泻、瘤胃不全角化或角化过度，都可导致维生素A缺乏症。因为大量胡萝卜素是在肠上皮中转变成维生素A的，并且主要是在肝脏中贮存维生素A的，所以当发生慢性肠道疾病和肝脏疾病时，最容易继发维生素A缺乏症。

本病最常发生于犊牛和幼禽，其他动物亦可发生，但极少发生于马。

【症状】 各种动物的临床症状基本上相似，只是在组织和器官的表现程度上有一些差异。

病牛皮肤有麸皮样痂块。本病可影响公牛和母牛的生殖能力，虽然公牛还可保留性欲，但精小管生殖上皮变性，精子活力降低，青年公牛睾丸显著地小于正常；母牛受胎作用虽未发生影响，但胎盘变性，可导致流产、死产或生后胎儿衰弱及母牛胎盘滞留。新生犊牛可发生先天性目盲及脑病、脊索疝和全身水肿，亦可发生肾脏异位、心脏缺损、膈疝等其他先天性缺损。

夜盲症是一种突出的病征，特别在犊牛，当其他症状都不甚明显时，就可发现在早晨、傍晚或月夜光线朦胧时，盲目前进，行动迟缓，碰撞障碍物。干眼病是指角膜增厚及云雾状形成，也可见于犊牛。

此外，病牛还可呈现中枢神经损害的病征，例如颅内压增高引起的脑病，视神经管缩小引起的目盲，外周神经根损伤引起的骨骼肌麻痹，以及由于骨骼肌麻痹而呈现的运动失调。至于脑脊液压力增高而引起的脑病，通常见于犊牛，呈现强直性和阵发性惊厥及感觉过敏的特征。

【诊断】 根据饲养病史和临床特征做出初步诊断，确诊需参考病理损害特征、血浆和肝脏中维生素A及胡萝卜素含量、脑脊液压变化。在临床上，维生素A缺乏症引起的脑病与低镁血症性搐搦、脑灰质软化、D型产气荚膜梭菌引起的肠毒血症和铅中毒之间难以区别。与狂犬病和散发性牛脑脊髓炎的区别则是前者伴有意识障碍和感觉消失，后者伴有高热和浆膜炎。

【防治】　由于维生素A或胡萝卜素存在于油脂中而易于被氧化，故饲料放置时间过久或预先将脂式维生素A掺入饲料中，都可能被氧化、变质，特别在大量不饱和脂肪酸存在的环境中更甚。胡萝卜素酶也能破坏胡萝卜素。当补充维生素A时，使用醇式维生素A有利于动物的吸收，并能通过胎盘屏障。使用胶囊剂则可减少维生素A的氧化。硝酸盐和亚硝酸盐含量高的青贮料和牧草，能干扰胡萝卜素转变为维生素A的作用。反刍动物前胃微生物的发酵作用和皱胃的化学及酶作用，也可导致胡萝卜素的失效。磷缺乏时可降低胡萝卜素的转变作用，但低磷饲料则有利于维生素A的储存。

各种动物每天正常的维生素A最低需要量是每千克体重30国际单位，每天正常的胡萝卜素最低需要量是每千克体重75国际单位。若想使肝脏中有所储存，则上述摄入量必须加一倍。奶牛在妊娠和泌乳阶段，剂量可增加50%。育肥牛的日粮，冬季每天应加入维生素A 10 000国际单位，秋季应每天加入40 000国际单位。因为剂量过高能干扰维生素D在骨骼发生中的作用，应用时需注意。至于临床病例，治疗量可按上述正常需要量增加10~20倍，但亦不应过高，通常是每千克体重440国际单位。治疗时不用口服法而用注射法，注射剂是醇式维生素A。

132. 如何防治牛白肌病？

白肌病是由于硒和维生素E缺乏所引起的一种以骨骼肌、心肌以及肝组织等发生变性、坏死为主要特征的疾病。

【病因】 由于土壤、草料中缺乏硒和维生素E所致。犊牛多发。常呈地区性发生。

【症状】 分为急性、亚急性、慢性三种类型。

(1) 急性病例 病牛常突然死亡。

(2) 亚急性病例 病牛精神沉郁，背腰发硬，步样强拘，后躯摇晃，后期常卧地不起。臀部肿胀，触之硬固。呼吸加快，脉搏增数，犊牛可达120次/分钟以上。初期心搏动增强，以后心搏动减弱，并出现心律失常。

(3) 慢性病例 病牛运动缓慢，步样不稳，喜卧。精神沉郁，食欲减退，有异嗜现象。被毛粗乱，缺乏光泽，黏膜黄白，腹泻，多尿。脉搏增数。呼吸加快。

【防治】

(1) 预防 加强对妊娠母牛、哺乳期母牛和犊牛的饲养管理，尤其是在冬春季节，可在饲料中添加亚硒酸钠、维生素E，或肌内注射0.2%亚硒酸钠和维生素E。

(2) 治疗 在加强饲养管理的同时，最好使用硒制剂或维生素E，对急性病例通常使用注射剂，对慢性病例可在饲料中添加。常用0.1%亚硒酸钠肌内或皮下注射，犊牛每次8～10毫升，间隔10～20天重复注射1次。维生素E肌内注射，犊牛50～70毫克，每天1次，5～7天为一个疗程。

133. 如何防治奶牛酮病？

奶牛酮病是泌乳母牛在产犊后几天至几周内发生的一种代谢疾病，特征是酮血症、酮尿症、酮乳症和低血糖症。本病常发生在舍饲高产母牛，大多发生在产后6周内，少数在产后10周内仍发病。在高产牛群中，呈现亚临床酮病的奶牛占产后母牛的10%～30%，可导致血酮和乳酮含量升高，泌乳量下降，体重减轻，生殖系统疾病和其他疾病发病率增高，这类牛的临床症状不明显，但血酮浓度增高至10～20毫克/分升。

【病因】 酮病的发生基本上是由两种不合理的饲养引起：一种是动物摄食高蛋白质、高脂肪及低碳水化合物饲料，使泌乳早期营养不平衡，优先动员肝糖原，随后动员体脂肪和蛋白质而产生大量酮体，称为自发性或营养性酮病。另一种是动物在产前就存在高度营养不良的情况，在多胎妊娠的后期阶段大量动员体内储备而发生酮病，称为妊娠毒血症；或是产前就存在过度肥胖，在产后泌乳早期由于高度营养缺乏而大量动员体内储备导致酮病，称为母牛消耗性酮病。

【症状】 酮病的症状常在母牛产犊后几天至几周出现，包括食欲缺乏，便秘，粪便上覆有黏液，精神沉郁，凝视，体重显著下降，产乳量降低，乳汁易形成泡沫，类似初乳状，有与呼吸、尿液中相同的酮气味，加热时更明显。病牛迅速消瘦，呈拱背姿势（图56）。大多数病牛嗜睡，少数病牛可发生狂躁和激动，但

图56 奶牛酮病，病牛卧地、瘫痪，头偏向一侧（刘安典）

还能饮水，表现为转圈、摇摆，舐、嚼和吼叫，感觉过敏，强迫运动及头偏向一侧。这些症状间断地多次发生，每次持续1小时。尿呈浅黄色，易形成泡沫。

临床病理检查，特征为低糖血症、酮血症、酮尿症和酮乳症，有些母牛血浆游离脂肪酸浓度增高，可能是由于组织的糖原异生加速的结果。血糖浓度由正常的50毫克/分升下降到20～40毫克/分升，由于其他疾病继发的酮病，血糖浓度在40毫克/分升以上，并往往在正常以上。血酮浓度由正常的10毫克/分升以下，升高至

10～100毫克/分升，而继发性酮病虽亦增高，但很少高于50毫克/分升。尿酮定量试验，由于尿酮浓度变动范围很大，测定结果可能不满意。正常母牛，尿酮可升高至70毫克/分升，尽管通常低于10毫克/分升。乳中丙酮浓度变化也较大，由正常的3毫克/分升到有病母牛平均40毫克/分升。

【诊断】 当血清酮体浓度在10～20毫克/分升时为亚临床酮病的指标，在20毫克/分升以上时为临床酮病的指标。继发性酮病的血酮浓度亦可增高，但很少高于50毫克/分升，乳酮和尿酮试验，也有诊断意义。酮体定性试验阴性，可排除酮病，试验阳性最好再行定量。继发性酮病用葡萄糖或激素治疗无效。

【治疗】 大多数病例，通过合理的治疗可以痊愈。不过有一些病例，对治疗的反应是暂时性的，以后可能复发。继发性酮病病例，则应着重治疗原发病。

治疗方法包括代替疗法和激素疗法，但在严重病例这些疗法都没有效果。对已发现明显症状的母牛，应立即用丙二醇或甘油治疗，其余未发现症状的母牛，应每天检查，观察其有无酮病的迹象。

（1）代替疗法 静脉注射50%葡萄糖溶液500毫升，对大多数母牛有明显效果，但需重复注射，否则可能复发。注射葡萄糖溶液或饲喂甘油，能抑制乳中脂肪成分，节约能量，使葡萄糖和甘油发挥良好的治疗效果。

丙酸钠具有糖原效用适合用于治疗酮病，每天120～240克口服，但疗效很慢。乳酸盐也是一种高糖原效用药物，但乳酸钙、乳酸钠和醋酸钠的效果不及丙酸钠，乳酸铵效果较好。

（2）激素疗法 对于体质较好的病牛，促肾上腺皮质激素（ACTH）的疗效较好，200～600国际单位，肌内注射，方便易行。此外，应用葡萄糖肾上腺皮质激素（剂量相当于1克可的松，肌内注射或静脉注射）来治疗酮病效果也较好，但往往伴发泌乳量抑制。

（3）其他治疗 水合氯醛、氯酸钾、维生素B_{12}、硫酸钴、半胱氨酸也可尝试用于治疗牛的酮病。

【预防】　对容易发生酮病的母牛，在产犊前应饲喂能量比较高的饲料，在分娩后能量水平还应进一步提高。日粮中蛋白质含量应该适中，可占约16%。粗饲料必须质量好、口味好、易消化和富含营养。湿青贮料和霉败的干草富含丁酸，是引起高产母牛酮血症的一种常见生酮物质，应避免使用。

134. 如何诊治奶牛血红蛋白尿？

牛血红蛋白尿通常是指细菌性血红蛋白尿和产后血红蛋白尿，至于其他一些症候性血红蛋白尿，可见于钩端螺旋体病、双芽巴贝斯虫病和某些中毒病。

【诊断】　母牛产后血红蛋白尿是由于饲喂十字花科植物（萝卜、甘蓝、包菜、油菜等）所致，且发生于第3～6胎产后4周内的泌乳牛。十字花科植物多缺磷，而长期干旱会使植物根部磷的吸收减少，牛采食这类饲料较多时易发病。

排红色尿液，是本病的提示症状。病牛尿液在最初1～3天内逐渐由淡红、红色、暗红色，变为紫红色和棕褐色，然后随症状减轻到痊愈，又逐渐由深变淡直至无色。

随疾病的进展，贫血程度加剧，可视黏膜及皮肤（乳房、乳头、股内侧及腋下）变为淡红色或苍白色。血液稀薄，凝固性降低，血清呈樱红色，血红蛋白含量降至20%～40%，红细胞数降至100万～200万个/微升，白细胞数稍增多，血沉加快，血清胆红素呈间接反应，碱储下降，血磷含量降到3毫克/分升，血钙含量正常。

牛细菌性血红蛋白尿是一种最急性传染病，由溶血性梭菌感染所致，发生于产后或寒冷季节、干旱季节，也无采食十字科植物的病史，6月龄及稍大些犊牛也发生。临床上有发热及肠出血，经24～36小时便可死亡。

【治疗】

（1）使用磷制剂能获得满意疗效，若同时补充含磷丰富的饲料，如豆饼、花生饼、麸皮、米糠等，可提高疗效。磷制剂主要是磷酸二氢钠或次磷酸钙，也包括骨粉。磷酸二氢钠治疗效果快，药价较高；骨粉疗效慢，但价格较低。临床上一般二者结合使用。20%磷酸二氢钠溶液300～500毫升，静脉注射，每天2次，轻症经1～2天，重症经2～3天，便可治愈。切记，不能用磷酸二氢钾代替。为了疗效好而又经济，静脉注射磷酸二氢钠的同时口服骨粉，每次250克，每天1～2次。

（2）次磷酸钙30克溶于1 000毫升10%葡萄糖溶液中，一次静脉注射。

135. 如何诊治奶牛骨软症？

骨软症是成年牛软骨内骨化完成后发生的一种骨营养不良，由于饲料中钙或磷缺乏及二者的比例失调而发生，主要是磷缺乏。病理特征是骨质进行性脱钙，呈现骨质疏松及形成过剩的未钙化骨基质。

【诊断】 本病的临床症状以骨质疏松及骨变形、运动障碍、消化紊乱为基本特征。

牛病初以异嗜和慢性胃肠卡他症状为主，进而出现跛行，主要表现四肢僵直，运步紧张，或出现四肢轮跛，随运动量增加跛行加剧。拱背站立，喜卧，并随病程进展最终爬卧不起，俗称"爬窝病"。病牛同时出现食欲减退、腹部蜷缩、粪便干燥、逐渐消瘦等一系列变化。

症状明显后，由于支柱骨骼严重脱钙，脊柱、肋弓、四肢关节疼痛，外形异常。患牛尾椎骨排列移位、变形。重症牛尾椎骨变软，椎体萎缩，最后几个椎体消失。病牛容易发生四肢、肋骨骨折及蹄骨脱离、腓肠肌腱撕脱。病牛血磷和血钙浓度分别为14～18.5毫克/分升、2.4～5.6毫克/分升。

鉴于骨软症病因的复杂性，如钙磷不足或缺乏，或者钙磷比例失调，日照不足或维生素D不足，氟中毒等，病因诊断十分重要。

【治疗】　首先要改善饲养管理，调整日粮中钙磷比例，增加日照时间，同时配合药物疗法。病初出现异嗜时，在日粮中补充骨粉，可以不药而愈。每天补给病牛骨粉250克，5～7天为一疗程。有跛行的病牛，跛行消失后，仍应坚持治疗1～2周。重症病例，在补骨粉的同时，配合投给无机磷酸盐制剂，例如20%磷酸二氢钠300～500毫升或3%次磷酸钙溶液1 000毫升，静脉注射，每天1次，连用3～5次。

对爬卧不起且有治疗价值的病牛，除采用上述措施外，还要采取一系列对症治疗和加强护理等措施。如将患牛放在光照充足、通风良好、温暖的舍内，多铺垫草，勤翻牛体，防止褥疮。对食欲减退及有慢性胃肠卡他的患牛，注意整肠健胃；对疼痛不安的患牛，投予镇痛或镇静剂；对长期拒食的病牛，采用营养疗法等。

136. 如何防治牛异嗜癖？

异嗜癖是由于环境、营养、内分泌和遗传等因素引起的、以舔食啃咬平时不采食的异物为特征的一种顽固性、味觉错乱性、新陈代谢障碍性疾病。

【病因】

（1）饲料单一，钠、铜、钴、锰、铁、碘、磷等矿物质缺乏，特别是钠盐不足。

（2）饲料钙、磷比例失调。

（3）某些维生素缺乏。

（4）患有佝偻病、软骨病、慢性消化不良、前胃疾病、某些寄生虫病等可成为异嗜的诱发因素。

【症状】

(1) 患牛乱吃杂物，如粪尿、污水、垫草、墙壁、食槽、墙土、新垫土、砖瓦块、煤渣、破布、围栏、产后胎衣等。

(2) 患牛易惊恐，初期对外界刺激敏感性增高，之后则迟钝。

(3) 患牛逐渐消瘦、贫血，常引起消化不良，食欲进一步恶化。在发病初期多便秘，其后腹泻或便秘和腹泻交替出现。

(4) 妊娠母牛，可在妊娠的不同阶段发生流产。

【治疗】 治疗原则是缺什么、补什么，继发性的应从治疗原发病入手。

(1) 钙缺乏的补充钙盐，如磷酸氢钙。同时注射一些能促进钙吸收的药物如1%维生素D、维生素AD，也可内服鱼肝油。碱缺乏的供给食盐、小苏打、人工盐。

(2) 贫血和微量元素缺乏时，可内服氯化钴、硫酸铜。缺硒时，肌内注射0.1%亚硒酸钠。

(3) 调节中枢神经，可静脉注射安溴注射液或盐酸普鲁卡因。也可用氢化可的松加入10%葡萄糖中静脉注射。

【预防】 必须在病原学诊断的基础上，有的放矢地改善饲养管理。应根据牛不同生长阶段的营养需要喂给全价配合饲料。当发现异嗜癖时，适当增加矿物质和微量元素。此外，喂料要定时、定量、定饲养员，不喂冰冻和霉败的饲料。在饲喂青贮饲料的同时，加喂一些青干草。同时根据牛场的环境，合理安排牛群密度，搞好环境卫生。对寄生虫病进行流行病学调查，给牛定期驱虫，以防寄生虫病诱发的恶癖。

参考文献
REFERENCES

张树方，2006．牛病防治240问［M］．北京：中国农业出版社．

向华，2004．牛病防治手册［M］．北京：金盾出版社．

陈志伟，2008．牛病防治300问［M］．北京：中国农业出版社．

谷风柱，刘强，2008．牛病防治问答［M］．郑州：中原农民出版社．

王子轼，杨廷桂，2004．牛病防治7日通［M］．北京：中国农业出版社．

胡元亮，2007．牛病诊疗与处方手册［M］．北京：化学工业出版社．

朱春生，2007．现代科技农业养殖大全：牛的常见病预防与治疗［M］．
　呼和浩特：内蒙古人民出版社．

孙英杰，高启贤，2012．牛羊病防治［M］北京：中国农业出版社．

李建喜，杨志强，2018．牛病防治及安全用药［M］．北京：化学工业出
　版社．

胡士林，2018．科学养牛技术［M］．北京：化学工业出版社．

图书在版编目（CIP）数据

牛病防治问答一本通 / 陈春林，郑华，朱买勋主编.
北京 ：中国农业出版社，2024.12. ——（视频图文学养
殖丛书）. —— ISBN 978-7-109-32720-7

Ⅰ. S858.23-44

中国国家版本馆CIP数据核字第2024B0N941号

中国农业出版社出版

地址：北京市朝阳区麦子店街18号楼

邮编：100125

责任编辑：武旭峰

版式设计：杨　婧　　责任校对：周丽芳

印刷：中农印务有限公司

版次：2024年12月第1版

印次：2024年12月北京第1次印刷

发行：新华书店北京发行所

开本：880mm×1230mm　1/32

印张：6.5

字数：168千字

定价：46.00元
